自己縫製的大人時尚

29件簡約俐落
手作服

Contents
目錄

No.1

亞麻上衣

不會太過甜美的圓領設計。

純白的亞麻上衣，

非常百搭的一款。

搭配P.21燈籠褲，

給人可愛的感覺。

上衣作法**P.44**

燈籠褲作法**P.59**

No.2

寬鬆上衣

將No.1領子尺寸加大，
增加身片及袖子長度的
寬鬆上衣。
搭配細長條紋棉布，
展現顯瘦感。
不論搭配褲子
或裙子都很適合。

寬鬆上衣作法**P.42**

No.3

輕薄羊毛長版上衣

以高雅柔軟的羊毛紗，
製作長版上衣。
增加**No.2**身片及袖子長度即可。
搭配P.26飛鼠褲。

長版上衣作法**P.42**

飛鼠褲作法**P.66**

No.**1**

根據年紀的不同，

將No.**1**與No.**2**上衣穿搭出不同的感覺。

No.**1**上衣搭配上稍具透明感的裙子更增添時尚度。

No.**2**上衣下襬塞至裙內，給人年輕的印象。

No.4

亞麻連身裙

V領素雅連身裙，
搭配連袖設計款式。
不需另外花時間車縫袖襬。
黑色亞麻布展現成熟大人味的
時尚連身裙。

作法**P.35**

No.5

亞麻五分袖連身裙

豔陽下更顯耀眼的鮮明藍色連身裙。

將No.4長度改短，

重疊搭配T恤，突顯休閒氛圍。

單穿也很好看。

作法P.43

No.6

寬褲

給人修長印象的寬鬆舒適褲款。

較深的股圍設計，

不論坐下或蹲下，

都不太會走光。

作法 **P.48**

No.7

五分褲

將 **No.6** 褲子裁剪膝下長度的五分褲。

選用印花或夏威夷風布料很適合年輕人穿搭。

母女各自選擇喜歡的素材，

製作居家褲也很不錯喔！

作法 **P.49**

No.8

羊毛寬褲

怕冷的你有福了！
具伸縮性的壓縮羊毛針織布。
不論寒冷的氣候或冷氣房中穿著都ok。
搭配季節非常百搭的款式。
同No.6紙型。

作法 **P.48**

No.9

**越南風
格紋長版上衣**

寬鬆舒適的越南風上衣
搭配格紋圖案布料。
兩側方便行走的深開衩設計，
還有小巧可愛的小立領。

作法 **P.45**

No.10

越南風長版上衣

No.9連袖款式讓領圍看起來更清爽，
低立領設計。
搭配窄管長褲，
展現休閒風感覺。
很適合成熟女性的一款。

作法**P.47**

No.11

薄外套

可輕鬆搭配，罩衫般感覺的外套。

領圍垂墜的線條和斜向下襬很新鮮。

寬鬆的袖子內搭任何款式均可。

摺疊起來放進包包，即可輕鬆外出或旅遊。

作法 **P.50**

No.12

長版背心

No.11薄外套款式搭配透明素材，

輕盈的長版背心。

搭配不同款式內搭，改變穿搭氛圍。

可以別針固定領圍，變身連身裙風貌。

作法 **P.52**

No.13

紅色外套

穿上個性化紅色外套，
連心情也變得開朗＆雀躍不已。
秋冬適合壓縮羊毛針織布。
不易透風的材質非常溫暖。
同**No.11**紙型但下襬長度變長。
作法**P.50**

No.14

細褶長版上衣

高腰設計的剪接線，

搭配恰到好處細褶分量的長版上衣。

前領圍開衩的罩衫式上衣。

袖子的荷葉邊很可愛。

作法**P.53**

No.15

細褶上衣

將**No.14**上衣長度縮短，
並改為開襟設計。
打開釦子也可以當成罩衫，
不論內搭上衣或褲子都很合適。

作法**P.54**

No.16

前開襟長版上衣

連袖設計的長版上衣。
脇邊下襬縫製褶襉，
小荷葉邊領是服裝的亮點。

作法**P.56**

No.17

罩衫式長版上衣

將No.16改為更簡單的樣式,
採用灰色素面亞麻布製作。
搭配窄版長褲,
展現女性沉穩優雅的氛圍。

作法**P.58**

No.18

花苞裙

適合成熟女性，
下襬蓬鬆的花苞裙。
不顯厚重的鬆緊帶設計，
抽拉細褶以修飾腹圍，
看起來更纖瘦。

作法 P.60

No.19

燈籠褲

下襬鬆緊帶抽拉細褶、突顯蓬鬆感，
個性化設計的燈籠褲。
兩脇的細褶分量較少，
展現成熟大人感。
雖然使用柔軟的Rayon印花布，
如果改用棉質布料，
分量會更顯厚重一點。

作法 **P.59**

褶襉裙

褶襉設計的腰圍，
分量剛好的細褶傘狀裙款。
完美修飾腹部輪廓，
很適合成熟的女性穿搭，
搭配鮮豔的外罩衫
突顯鮮明的印象。

作法 P.62

同**No.20**裙款。

只需要改變穿搭，不論哪個世代，
都很百搭的裙子。
年輕人搭配上T恤可突顯休閒感。

No.21

連身裙

漂亮A形傘狀下襬的連身裙。
穿搭時從連身裙印花布顏色裡
選擇內搭衣的顏色，比較不會失敗。
天氣寒冷時可多層次搭配，
一年四季都可以作出不一樣感覺。

作法**P.63**

No.22

長版背心

將No.21連身裙長度改短，
並開前襟的長版背心款式。
內搭上衣或褲子，
帥氣的打開釦子搭配也很好看。
使用有彈性的丹寧布。

作法 **P.64**

No.23

棉質飛鼠褲

讓人愛不釋手的舒適時尚的棉質飛鼠褲。

乍看之下個性化的設計，

卻和各種單品都很百搭。

漸漸變窄的下襬款式，

也很適合搭配長版上衣或連身裙。

作法**P.66**

厚羊毛飛鼠褲

No.23的棉質飛鼠褲
不但穿起來很舒服,
在成熟女性之間也很有人氣。
秋冬選擇溫暖的素材製作看看吧!

作法**P.66**

No.25

褶襉連身裙

優雅顏色的小印花圖案連身裙。
前片長形的褶襉,
朝著下襬漸漸散開的細褶很有韻味。
加入小細褶設計的連袖款式。

作法**P.67**

No.26

細褶上衣

領圍細褶設計，
並以斜布條滾邊。
粉紅色印花布上衣，
搭配上P.26的棉質飛鼠褲很適合。

作法**P.69**

No.27

荷葉邊連身裙

沿著V領，
單側荷葉邊設計的雅致連身裙。
不對稱的組合很新鮮。
正式場合也很合適的款式。

作法P.68

連到後領圍的荷葉邊設計，
講究背面設計的連身裙。
荷葉邊搭配淺灰色布料中和，不會太過甜美，
反而增添一股優雅的韻味。

No.28

圓點寬褲

腰圍採鬆緊帶設計，
寬鬆的臀圍尺寸，
穿起來便利又舒適。
輕薄柔軟的針織素材，
不易起皺，最適合旅行的單品。

作法 **P.70**

No.29

棉質寬褲

同**No.28**圓點寬褲的紙型。

這款採用棉質素材，

改變素材整體的氛圍。

輕盈的腳步，享受漫步街道的樂趣。

作法**P.70**

How to make

開始製作之前

關於原寸紙型

本書紙型，依參考尺寸表準備了9・11・13・15號。各作品請使用紙型製作。除了一部分直線（長方形）需自行製作紙型、或無附紙型的斜布條，依裁布圖尺寸直接畫在布料上裁剪。

紙型尺寸的選擇方法

✳ 對照自己尺寸及參考尺寸表來選擇適合的大小。上衣或長版上衣、連身裙請依胸圍尺寸來選擇，裙子和褲子則依臀圍尺寸為主。

✳ 各作品完成尺寸可參閱P.71。如果對尺寸有些疑惑，請參考完成尺寸表，想要寬鬆一點的感覺就選擇稍大一點的尺寸。測量自己的服裝尺寸，並與完成尺寸比較看看，應該會比較有概念。

參考尺寸（Nude）　✳單位cm

尺寸	**9**號	**11**號	**13**號	**15**號
胸圍	84	88	94	98
腰圍	66	72	78	83
臀圍	92	96	102	107
身長	155至160			

紙型作法

✳ 各作品製作頁面均記載著使用的紙型資料，從原寸紙型中尋找需要的部分，描繪至描圖紙上。

✳ 為避免搞錯，描繪前請對照裁布圖的紙型，並以油性筆描繪。

✳ 將半透明描圖紙放置於紙型上，再以文鎮或紙膠帶固定，沿直尺描繪。布紋線、合印記號、口袋位置均需描繪。

✳ 紙型未附縫份，描繪好紙型四周畫上縫份線（尺寸參考裁布圖），製作附縫份的紙型，才能正確裁剪布片。

布料的裁剪方法及合印記號

✳ 裁剪之前，請參考裁布圖，將紙型放置布料上，請先確認準備的布料是否足夠。

✳ 若是附有縫份的紙型，依照紙型直接裁剪布料即可。未附縫份的紙型，需先描繪縫份再裁剪布料。

✳ 依一定的縫份寬度車縫時，不需描繪完成線，也可以節省描繪合印記號的時間，這時需作上記號（離布端約0.3cm剪入牙口，參考P.35-2）。

✳ 需要描繪完成線時，布料背面相對疊合裁剪，兩片布料之間包夾雙面複寫紙，以點線器作上記號。

關於材料

✳ 布料的用量，請對照記載的布寬資料。布寬改變使用量也會變動，參考裁布圖準備需要的用量。

✳ 依材料選擇車縫線。依據布料顏色準備車縫線。一般布料使用Polyester60號車縫線、30號車縫針。

No.4
亞麻連身裙
圖片8

使用紙型（正面）

A前片　A後片　A前貼邊（No.4）　A後貼邊

A袋布

材料

表布　亞麻布…寬114cm x 260cm

黏著襯…寬90cm x 30cm

黏著織帶寬1.5cm x 40cm

＊為了便於解說辨識，選用了顏色明顯的縫線＆布料。

裁布圖

＊除了指定處之外，
縫份皆為1cm。

＊在▨的位置
需貼上黏著襯・
黏著膠帶。

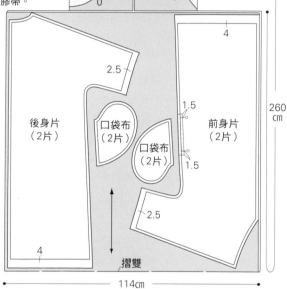

裁剪及合印記號

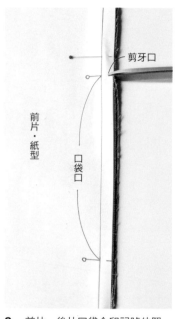

1. 製作附縫份紙型，依紙型裁剪布料。

2. 前片、後片口袋合印記號位置，連同紙型、在布邊剪0.3cm左右牙口後，拆掉紙型。

黏著襯使用方法

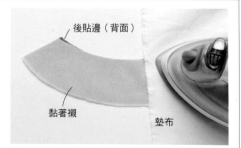

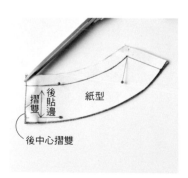

1. 貼上黏著襯的布片（圖片是後貼邊），同表布使用的黏著襯裁剪。

2. 重疊布片背面和黏著襯粗糙面，蓋上墊布，蒸汽熨燙必須緊緊按壓，至完全冷卻為止不可移動，避免黏著襯脫落。

3. 後貼邊後中心摺雙裁剪，摺雙邊角斜向裁剪、製作記號。

事前準備

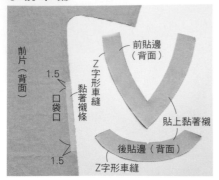

前片（背面）

前貼邊（背面）

Z字形車縫

1.5

黏著襯條

口袋口

1.5

Z字形車縫

貼上黏著襯

後貼邊（背面）

1. 前、後貼邊背面貼上黏著襯（參考 P.35），口袋縫份貼上黏著襯條。貼邊外圍，從表面進行Z字形車縫。

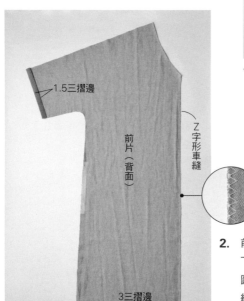

1.5三摺邊

前片（背面）

Z字形車縫

3三摺邊

車縫方法
1. 車縫前後中心

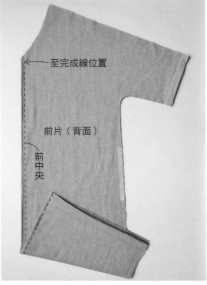

至完成線位置

前片（背面）

前中央

1. 左右前片正面相對疊合，下襬三摺邊、攤開褶線，車縫前中心。領圍側車縫至完成線位置。始縫及止縫處均需進行回針縫。

2. 前片前中心縫份從表面進行Z字形車縫，下襬及袖口縫份熨燙三摺邊（參考下側圖片）。同後身片後中心進行Z字形車縫，下襬及袖口縫份三摺邊。

前片（背面）

前中心

2. 前中心燙開縫份。

後片（背面）

後中央

3. 後中心正面相對疊合，邊端至邊端車縫，熨斗燙開縫份。

製作熨燙專用尺

只要製作熨燙專用尺，熨燙摺疊下襬及袖口布端，即可輕鬆完成。

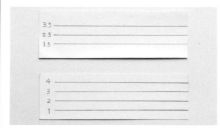

3.5
2.5
1.5

4
3
2
1

1. 在明信片厚度的紙張上（約5×15cm），每隔1cm畫上平行線、製作熨燙專用尺。

（背面）

4
3
2
1

縫份

完成線

2. 4cm的縫份摺疊3cm。首先對齊熨燙專用尺4cm線處，摺疊布邊、熨斗熨燙。

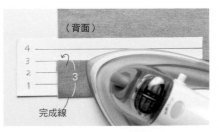

（背面）

4
3
2
1

3

完成線

3. 布端直接對齊1cm下的直線往內側摺疊，熨斗熨燙。三摺邊完成。

2. 車縫肩線

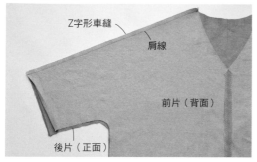

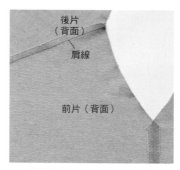

1. 前後片肩線正面相對疊合，攤開袖口褶線車縫肩線。縫份兩片一起進行Z字形車縫。

2. 肩線縫份倒向後側，熨燙整理。

3. 車縫領圍

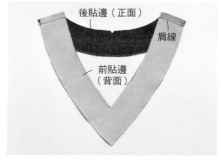

1. 前、後貼邊肩線正面相對疊合車縫。燙開縫份。

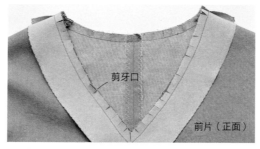

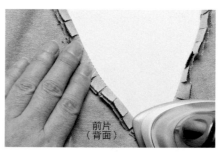

2. 身片和貼邊正面相對疊合車縫領圍。

3. 領圍縫份約1至2㎝間隔剪牙口。注意V角不要裁剪到縫線。

4. 領圍縫份以熨斗熨燙從縫線往身片摺疊。

5. 貼邊翻至身片內側，領圍熨燙整理。

6. 領圍從表面壓裝飾線。

7. 貼邊邊端以藏針縫至前後中心縫份、肩線縫份。

關 於 整 齊 縫 製……

只要固定一定的寬度，即使沒有作完成線記號也沒關係。

針板記號

針板上的記號對齊布邊直接車縫。

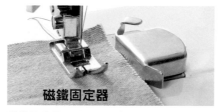

磁鐵固定器

磁鐵固定器。只要對好車縫針及磁鐵固定器的距離，布邊沿著固定邊緣前進。

紙膠帶

若針板沒有記號、也沒有磁鐵固定器，可以使用紙膠帶作為引導的依據。

4. 車縫袖子下側至脇邊，製作口袋。

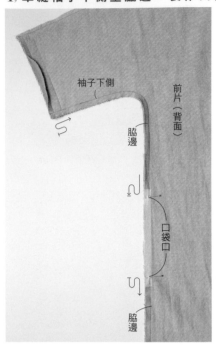

袖子下側

脇邊

前片（背面）

口袋口

脇邊

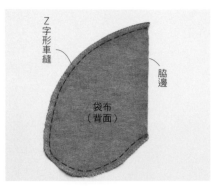

Z字形車縫

脇邊

袋布（背面）

2. 袋布兩片正面相對疊合，脇邊之外車縫外圈。縫份兩片一起進行Z字形車縫。

1. 前後身片正面相對疊合，預留口袋口，從袖口到下襬、袖子下側至脇邊車縫。口袋口上下回針縫，袖口和下襬攤開三摺邊褶線，車縫至布端。

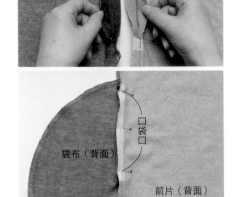

袋布（背面）

前片（背面）

口袋口

袋布（背面）

前片（背面）

3. 前片口袋口及袋布上側一片口袋口，如圖片所示正面相對疊合，以珠針固定。

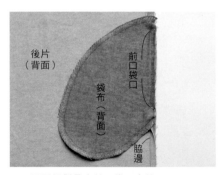

後片（背面）

前口袋口

袋布（背面）

脇邊

4. 正面相對疊合前口袋口車縫。

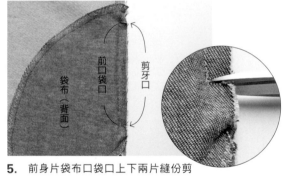

前口袋口

袋布（背面）

剪牙口

5. 前身片袋布口袋口上下兩片縫份剪牙口。

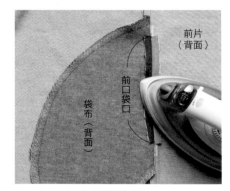

前片（背面）

前口袋口

袋布（背面）

6. 前口袋口縫份燙開縫份。

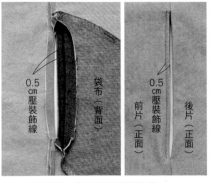

0.5cm壓裝飾線

袋布（背面）

0.5cm壓裝飾線

前片（正面）

後片（正面）

7. 前口袋口，身片正面壓裝飾線。

8. 後片口袋口和一片袋布口袋口正面相對疊合。夾在前口袋口上下縫份間。

後口袋口

前口袋口

後片（背面）

後口袋口

袋布（背面）

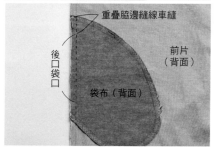

後片（背面）
後口袋口

重疊脇邊縫線車縫
後口袋口
前片（背面）
袋布（背面）

9. 步驟8正面相對疊合後口袋口車縫。口袋口上下重疊1cm脇邊縫線車縫。

前片（背面）

Z字形車縫

10. 袖子下側至脇邊縫份兩片、袋布也一起，進行Z字形車縫至下襬。縫份倒向後側。

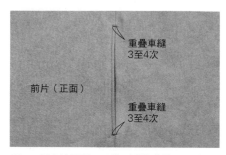

前片（正面）
重疊車縫
3至4次
重疊車縫
3至4次

11. 從身片正面，口袋口重疊車縫3至4次。

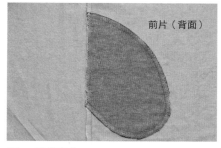

前片（背面）

12. 口袋完成。

5. 袖子、下襬車縫

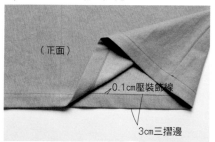

（正面）
0.1cm壓裝飾線
3cm三摺邊

1. 調整下襬三摺邊，以熱接著雙面襯條固定（參考下圖），三摺邊端壓裝飾線。

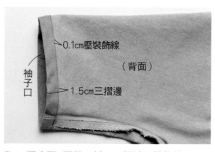

0.1cm壓裝飾線
（背面）
袖子口
1.5cm三摺邊

2. 同步驟1要領，袖口三摺邊壓裝飾線。

完成

善用熱接著雙面襯條

以熨斗熨燙固定的接著雙面襯條。
處理下襬或口袋，代替珠針或疏縫固定。

（背面）
接著
雙面襯條

1. 三摺邊時攤開三摺邊褶線，布端摺疊1cm的縫份以熨燙貼合接著雙面襯條。

（背面）

2. 撕開膠紙。

（背面）
三摺邊

3. 三摺邊以熨斗熨燙固定。邊端壓裝飾線。

圓領縫製方法

No.1至3上衣＆長版上衣圓領，漂亮車縫的方法。

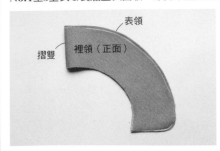

1. 表、裡領尺寸不一樣，請勿搞混。裁剪兩片重疊，較小的是裡領，較大的是表領。

2. 裡領背面貼上黏著襯。

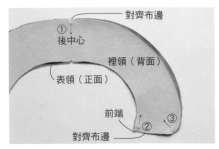

3. 表裡領正面相對疊合，首先領子外圍對齊後中心布邊，以珠針固定（①）。接下來以珠針固定前端布邊（②），另外領外側布邊對齊以珠針固定。（③）。

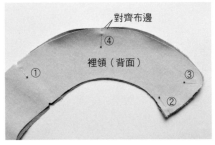

4. ①與③珠針中間再以珠針固定（④）。表裡領布邊需對齊。

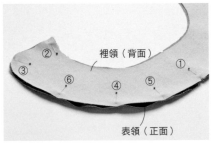

5. 在珠針中間，對齊布邊以珠針固定（⑤⑥）。表裡尺寸較大，固定時會微微浮起。

6. 車縫領子外圍。裡領朝上縫份1cm車縫。表領尺寸較大，以錐子稍加按壓平整後慢慢車縫。

7. 外圍車縫完成。表領稍稍浮起的鬆份，是正式穿上時反摺需要的分量，這樣領子才會漂亮。

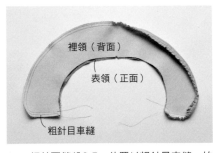

8. 領外圍縫份0.5cm位置以粗針目車縫。始縫及止縫處均無需進行回針縫，請預留縫線。抽拉裡領側縫線，縮短縫份。

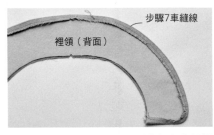

9. 縮起的縫份沿步驟6縫線往裡領內側摺疊，熨斗熨燙整理。

10. 領子翻至正面。外圍稍稍往內領熨燙整理。圓領即完成。

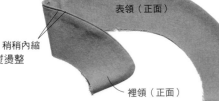

開衩的作法

No.1至3、14前領圍開衩、No.21、25、26後領圍開衩使用的U字車縫法。

1. 開衩貼邊背面貼上黏著襯，中心畫上U字形記號。貼邊外圍進行Z字形車縫。

2. 身片、貼邊各自車縫肩線，身片和貼邊正面相對疊合，領圍車縫至開衩。No.1至3領圍包夾領子，No.21、25、26上端包夾釦環車縫。

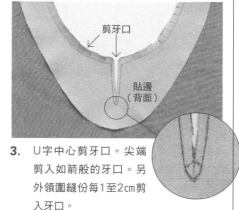

3. U字中心剪牙口。尖端剪入如箭般的牙口。另外領圍縫份每1至2cm剪入牙口。

4. 開衩上側邊角，避免縫份過厚，縫份斜向裁剪。

5. 貼邊翻至正面，為製作整齊的邊角，摺疊邊角縫份時手指需緊緊按壓。

6. 貼邊翻至正面，整理邊角形狀。

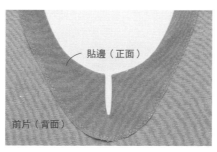

7. 以錐子整理邊角形狀。

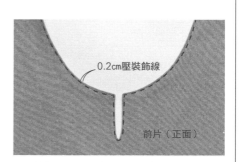

8. 領圍至開衩熨燙整理。

9. 領圍至開衩從邊端0.2cm處壓裝飾線。即完成。

No.**2**
寬鬆上衣
圖片**P.5**

No.**3**
輕薄羊毛長版上衣
圖片**P.6**

No.3

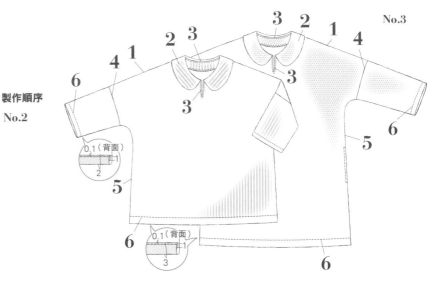

製作順序
No.2

No.2使用紙型（正面）
A前片　A後片　A袖子
A表領（**No.2**）　A裡領（**No.2**）
A前貼邊（**No.2**）　A後貼邊

No.2材料
表布　棉條紋布…寬110cm X 220cm
黏著襯…寬90cm X 30cm

No.3使用紙型（正面）
A前片　A後片　A袖子
A表領（**No.3**）　A裡領（**No.3**）
A前貼邊（**No.3**）　A後貼邊　A袋布

No.3材料
表布　羊毛紗布…寬138cm×210cm
黏著襯…寬90cm×30cm
黏著襯條…寬1.5cm×40cm

事前準備（No.2・No.3共通）
・裡領、貼邊背面貼上黏著襯。
・No.3前口袋縫份背面貼上黏著襯條。
・貼邊外圍進行Z字形車縫。

作法（No.2・No.3共同）
1. 車縫肩線。貼邊肩線車縫、燙開縫份。
　 →P.37
2. 車縫領子（→P.40）暫時疏縫固定至身
　 片領圍上。→P.44
3. 接縫領子製作開衩。疏縫領子的領圍和
　 貼邊正面相對疊合，領圍至開衩車縫。
　 →P.41
4. 接縫袖子。→P.43
5. 袖子車縫至脇邊，縫份兩片一起進行Z字
　 形車縫。倒向後側。**No.3**脇邊製作口
　 袋。→P.38
6. 下襬、袖口三摺邊壓裝飾線。→P.39

No.2 裁布圖

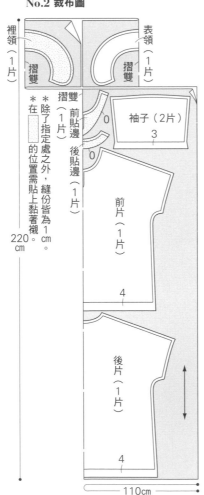

No.3 裁布圖

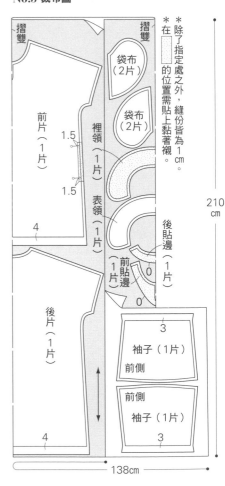

4. 接縫袖子

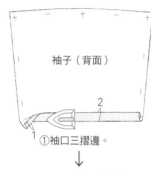

袖子（背面）

①袖口三摺邊。

後片（正面）

②正面相對疊合車縫。

③縫份兩片一起進行Z字形車縫。

袖子（背面）

前片（正面）

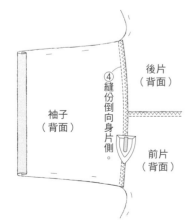

袖子（背面）

④縫份倒向身片側。

後片（背面）

前片（背面）

No.5

亞麻五分袖連身裙
圖片**P.9**

使用紙型（正面）

A前片　A後片

A前貼邊（**No.5**）　A後貼邊

A袋布

材料

表布　亞麻布…寬114cm　9‧11號220cm／
13‧15號240cm

黏著襯…寬90cm×30cm

黏著襯條…寬1.5cm×40cm

＊後片中心摺雙裁剪、袖口縫份寬度以外，
　作法同**No.4**。參考P.35~P.39。

事前準備

‧貼邊背面貼上黏著襯。→P.35

‧前口袋縫份背面貼上黏著襯條。→P.36

‧貼邊外圍及前中心縫份進行Z字形車縫。
　→P.36

作法

1. 車縫前中心、燙開縫份。→P.36

2. 車縫肩線。縫份兩片一起進行Z字形車
   縫。縫份倒向後側。→P.37

3. 領圍車縫貼邊。→P.36

4. 袖口縫份三摺邊壓裝飾線。→P.44

5. 袖下車縫至脇邊、製作口袋。→P.38

6. 下襬三摺邊壓裝飾線。→P.39

製作順序

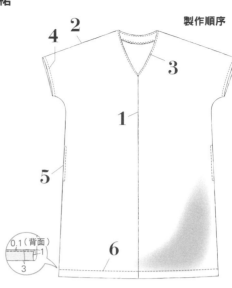

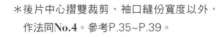

0.1（背面）

裁布圖

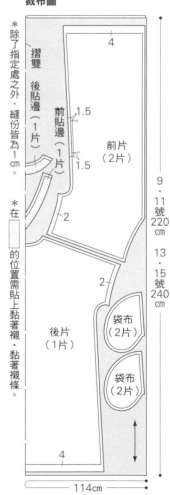

＊除了指定處之外，縫份皆為1cm。

摺雙

後貼邊（1片）

前貼邊（1片）

前片（2片）

1.5
1.5

＊在　□　的位置需貼上黏著襯‧黏著襯條。

後片（1片）

袋布（2片）

袋布（2片）

9‧11號220cm
13‧15號240cm

114cm

亞麻上衣
圖片P.4

使用紙型（正面）

A前片　A後片　A表領（No.1）

A裡領（No.1）　A前貼邊（No.1）

A後貼邊

材料

表布　亞麻布…寬110cm×190cm

黏著襯…寬90cm×30cm

事前準備

・裡領、貼邊背面貼上黏著襯。

・貼邊外圍進行Z字形車縫。

作法

1. 車縫肩線。貼邊肩線車縫、燙開縫份。
 →P.37

2. 車縫領子（→P.40）暫時疏縫固定至身片領圍上。→圖

3. 接縫領子製作開衩。疏縫領子的領圍及貼邊正面相對疊合，領圍至開衩車縫。
 →P.41

4. 袖口三摺邊壓裝飾線。→圖

5. 袖下車縫至脇邊。→圖

6. 下襬三摺邊壓裝飾線。

裁布圖

摺雙

裡領（1片）

後貼邊（1片）

表領（1片）

前貼邊（1片）

前片（1片）

後片（1片）

190cm

110cm

2

4

2

4

0

0

＊在＊的位置需貼上黏著襯。

＊除了指定處之外，縫份皆為1cm。

2. 車縫領子，暫時疏縫固定至身片領圍上

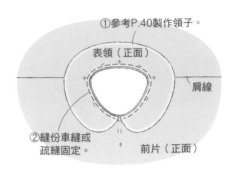

①參考P.40製作領子。

表領（正面）

肩線

②縫份車縫或疏縫固定。

前片（正面）

4. 袖口三摺邊壓裝飾線

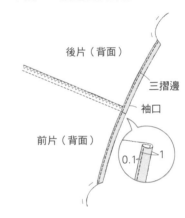

後片（背面）

三摺邊

袖口

前片（背面）

0.1

1

5. 袖下車縫至脇邊

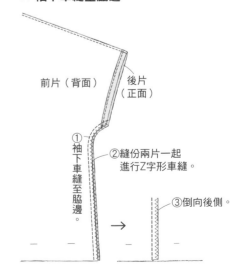

前片（背面）

後片（正面）

①袖下車縫至脇邊。

②縫份兩片一起進行Z字形車縫。

③倒向後側。

製作順序

3

2

1

3

3

4

5

6

0.1（背面）

3

No.9
越南風格紋長版上衣
圖片P.12

使用紙型（正面）

C上前片　C上前貼邊　C下前片

C下前貼邊　C後片　C領子（No.9）

材料

表布　格紋布…寬112cm　9號

230cm／11・13號240cm／15號250cm

黏著襯…65×55cm

斜布紋織帶（二摺邊・裝飾釦・釦環用）…

寬1.27cm×120cm

毛繩（裝飾釦・釦環用）…適量

暗釦…直徑1cm　4組

事前準備

・一片領子及貼邊貼上黏著襯。貼上黏著襯
　為表領，另一片為裡領。

・上前貼邊及下前貼邊如圖示進行Z字形車
　縫。

作法

1. 接縫貼邊。→P.46

2. 車縫肩線。上前片、下前片各自和後片
　 和肩線正面相對疊合車縫。縫份兩片一
　 起進行Z字形車縫。倒向後側。

3. 製作領子。→P.46

4. 接縫領子。→P.46

5. 袖下車縫至脇邊。→P.46

6. 下襬、開衩車縫。→P.46

7. 袖口三摺邊壓裝飾線。

8. 製作裝飾釦。斜布紋織帶製作繩帶，製
　 作中國結及釦環。→P.47

9. 裝上裝飾釦、暗釦。上前身片中國結
　 釦，下前身片釦環，各自車縫固定。開
　 衩內側裝上暗釦。→P.47

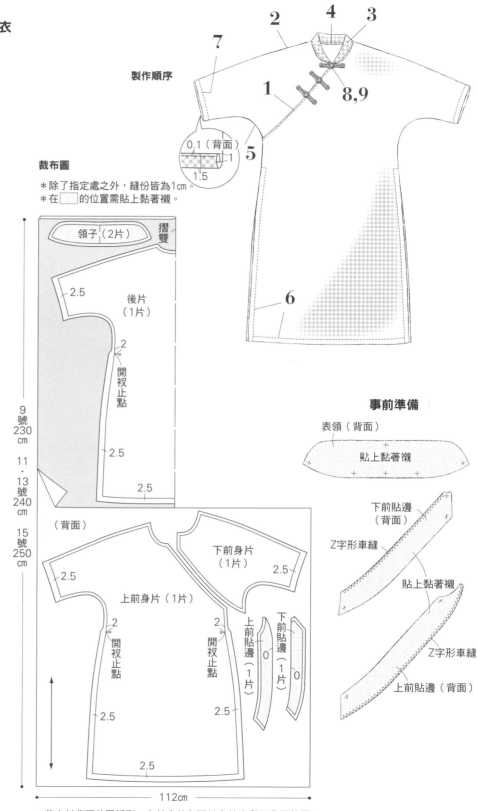

製作順序

2　4　3

7　1

0.1（背面）
1.5
5

8,9

6

裁布圖

＊除了指定處之外，縫份皆為1cm。

＊在▢的位置需貼上黏著襯。

領子（2片）　摺雙

2.5

後片（1片）

2
開衩止點

2.5

2.5

9號230cm

11・13號240cm

15號250cm

（背面）

下前身片（1片）

2.5

上前身片（1片）

2.5

2
開衩止點

2
開衩止點

上前貼邊（1片）　0

下前貼邊（1片）　0

2.5

2.5

2.5

112cm

＊若布料背面放置紙型，上前身片和下前身片也翻至背面放置。
　（但上前貼邊和下前貼邊表面放置）

事前準備

表領（背面）

貼上黏著襯

下前貼邊（背面）

Z字形車縫

貼上黏著襯

上前貼邊

Z字形車縫

上前貼邊（背面）

1. 接縫貼邊

上前片

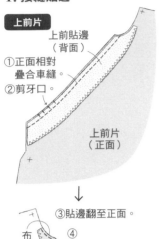

①正面相對疊合車縫。
②剪牙口。

上前貼邊（背面）

上前片（正面）

↓

③貼邊翻至正面。

④從表面0.2cm壓裝飾線。

布邊

上前貼邊（正面）

上前片（背面）

3. 製作領子

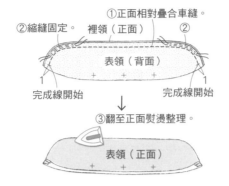

①正面相對疊合車縫。

②縮縫固定。

裡領（正面）

②

表領（背面）

完成線開始　　　完成線開始

1　　　　　　　　1

↓

③翻至正面熨燙整理。

表領（正面）

4. 翻至正面熨燙整理

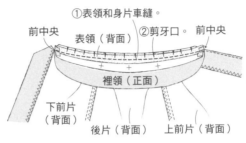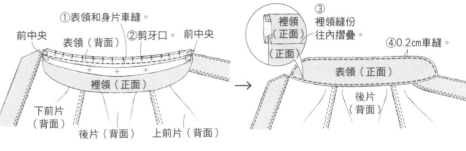

①表領和身片車縫。　②剪牙口。

前中央　　　　　　　　　　　前中央

表領（背面）

裡領（正面）

下前片（背面）

後片（背面）　上前片（背面）

③

裡領（正面）　裡領縫份往內摺疊。

④0.2cm車縫。

表領（正面）

後片（背面）

下前片

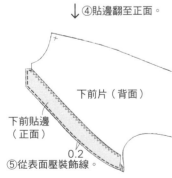

②前中心剪牙口。

①正面相對疊合車縫。

③縫份斜向裁剪。

下前片（正面）

下前片貼邊（背面）

↓

④貼邊翻至正面。

下前片（背面）

下前片貼邊（正面）

0.2

⑤從表面壓裝飾線。

5. 袖下車縫至脇邊

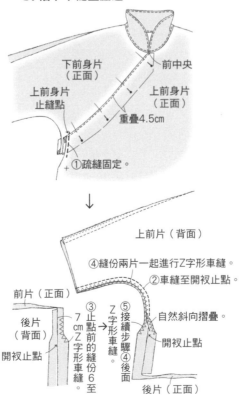

下前身片（正面）　　前中央

上前身片止縫點

上前身片（正面）

重疊4.5cm

①疏縫固定。

↓

上前片（背面）

④縫份兩片一起進行Z字形車縫。

②車縫至開衩止點。

前片（正面）

後片（背面）

③止點前的縫份6至7cm Z字形車縫。

開衩止點

⑤接續步驟④Z字形車縫。

自然斜向摺疊。

開衩止點

後面

後片（正面）

6. 下襬、開衩車縫

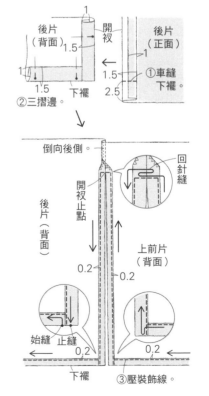

後片（背面）　開衩　後片（正面）

1

1.5

1　　　　　　　　1

1.5　①車縫下襬

1.5　　下襬　2.5

②三摺邊。

↓

倒向後側。

開衩止點

回針縫

開衩

後片（背面）

上前片（背面）

0.2　　　0.2

始縫　止縫

0.2　　　0.2

下襬　　③壓裝飾線。

8. 製作裝飾釦

繩帶作法

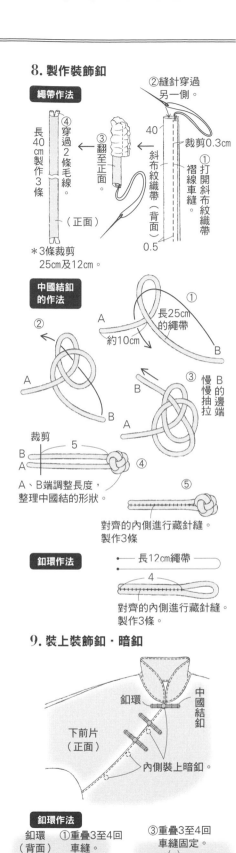

④長40cm製作3條毛線

③翻至正面

斜布紋織帶（背面）

①打開斜布紋織帶。

摺線車縫

裁剪0.3cm

0.5

②縫針穿過另一側。

40

40

穿過2條毛線

（正面）

＊3條裁剪25cm及12cm。

中國結釦的作法

①

約10cm

長25cm的繩帶

②

A

A

B

B

③慢慢抽拉B的邊端

④

裁剪

5

B

A

A、B端調整長度，整理中國結的形狀。

⑤

對齊的內側進行藏針縫。製作3條

釦環作法

長12cm繩帶

4

對齊的內側進行藏針縫。製作3條。

9. 裝上裝飾釦・暗釦

釦環

中國結釦

下前片（正面）

內側裝上暗釦。

釦環作法

釦環（背面）

①重疊3至4回車縫

②裁剪0.5cm

1

→

③重疊3至4回車縫固定。

1　2　（正面）

＊中國結釦裝法相同。

No.10

越南風長版上衣
照片 **P.13**

使用紙型（正面）
C上前片　C上前貼邊
C下前片　C下前貼邊
C後片　　C領子（**No.10**）

材料
表布　棉質印花布…寬110cm　9號 200cm
／11・13號 210cm／15號 220cm
黏著襯…65×55cm
市販中國結釦…3組
暗釦…直徑1cm　4組

事前準備
・一片領子和貼邊貼上黏著襯。貼上黏著襯為表領，另一片為裡領。
・上前貼邊和下前貼邊Z字形車縫。→P.45

作法
1. 接縫貼邊。→P.46
2. 車縫肩線。上前片、下前片各自和後片和肩線正面相對疊合車縫。縫份兩片一起進行Z字形車縫。倒向後側。
3. 袖口縫份三摺邊壓裝飾線。
4. 製作領子。→圖
5. 參考P.46接縫領子，裡領及身片接縫，表領在身片正面。→P.46
6. 車縫脇邊。
7. 下襬、開衩車縫。→P.46
8. 裝上裝飾釦、暗釦。→左圖

製作順序

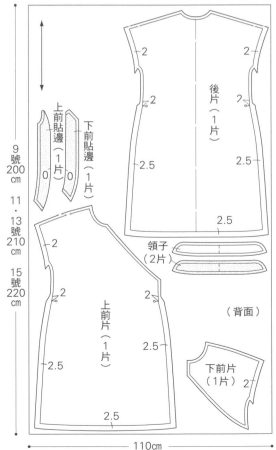

2　5　4

3　1

8

1 −0.1

1（背面）

6

4. 製作領子

②裁剪縫份。

①正面相對疊合車縫。

裡領（正面）

②裁剪。

0.5

至完成線為止

表領（背面）

至完成線為止

③翻至正面車縫。

表領（正面）

裁布圖

＊除了指定處之外，縫份皆為1cm。
＊在 □□ 的位置需貼上黏著襯。

9號 200cm
11・13號 210cm
15號 220cm

上前貼邊（1片）

0

下前貼邊（1片）

0

2

2

後片（1片）

2

2

2.5

2.5

2.5

領子（2片）

（背面）

上前片（1片）

2

2

2.5

2.5

下前片（1片）

2.5

110cm

＊上前身片及下前身片，紙型背面放置。

47

使用紙型（正面）

B前褲管　B後褲管　B袋布

材料

表布

　No.6　亞麻布…寬114cm×220cm

　No.8　壓縮羊毛針織布…寬148cm×140cm

黏著織帶…寬1.5cm×40cm

鬆緊帶…寬1.8cm　適量

針織布用車縫線・車縫針（No.8）

事前準備

・前袋口縫份貼上黏著織帶。

・No.8腰線及下襬縫份進行Z字形車縫。

作法（No.6・No.8共同）

1. 車縫脇邊。製作口袋。→P.38

2. 車縫股圍。前腰圍縫份製作鬆緊帶穿入口。→圖

3. 車縫下股圍。前後下股圍正面相對疊合，從右邊下襬到左邊下襬連續車縫。縫份兩片一起進行Z字形車縫。倒向後側。

4. 車縫腰線和下襬。No.6腰圍、下襬縫份三摺邊，No.8腰圍、下襬縫份摺疊後壓裝飾線。

5. 腰線裝飾線間穿過兩條鬆緊帶（→圖）。請試穿後再決定鬆緊帶長度。

No.8 裁布圖

No.6 裁布圖

* 在▨的位置需貼上黏著襯。

* 除了指定處之外，縫份皆為1cm。

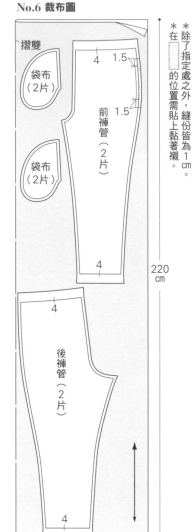

製作順序

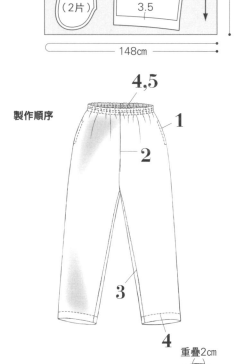

5. 腰圍穿過鬆緊帶

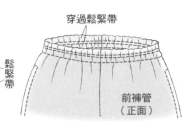

2. 車縫股圍

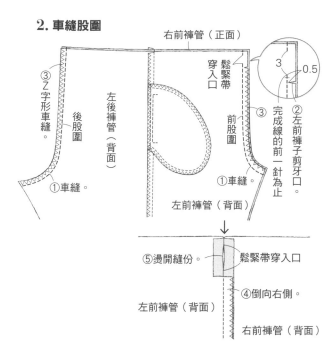

右前褲管（正面）

右前褲管（背面）

左前褲管（背面）

左後褲管（背面）

後股圍

前股圍

③Z字形車縫。

①車縫。

①車縫。

鬆緊帶穿入口

3　0.5

③完成線的前一針為止

②左前褲子剪牙口。

⑤燙開縫份。

④倒向右側。

鬆緊帶穿入口

4. 車縫腰線及下襬

【No.6】

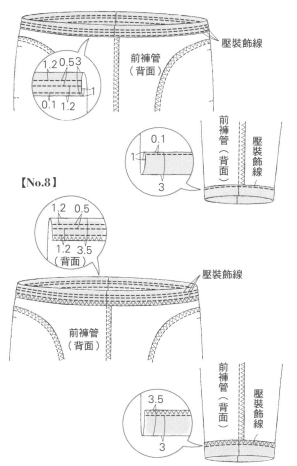

前褲管（背面）

壓裝飾線

1.2　0.53

0.1　1.2

1

0.1

1

3

前褲管（背面）

壓裝飾線

【No.8】

1.2　0.5

1.2　3.5（背面）

前褲管（背面）

壓裝飾線

3.5

3

前褲管（背面）

壓裝飾線

No.**7**

五分褲
圖片**P.10**

使用紙型（正面）

B前褲管　B後褲管

材料

表布　棉質印花布…
寬110cm×160cm

鬆緊帶…寬1.8cm　適量

作法

1. 車縫脇邊。前後褲管脇邊正面相對疊合車縫。縫份兩片一起進行Z字形車縫，倒向後側。

2. 車縫股圍。前腰圍縫份製作鬆緊帶穿入口。→左圖

3. 車縫下股圍。前後下股圍正面相對疊合，從右邊下襬到左邊下襬連續車縫。
縫份兩片一起進行Z字形車縫，倒向後側。

4. 車縫腰線及下襬。腰圍3cm三摺邊壓3條裝飾線（→左圖【No.6】），下襬縫份2cm三摺邊壓裝飾線。

5. 腰線裝飾線間穿過鬆緊帶（→P.48）。請試穿後再決定鬆緊帶長度。

製作順序

4,5

1

2

3

4

0.1（背面）

裁布圖

＊除了指定處之外，縫份皆為1cm。

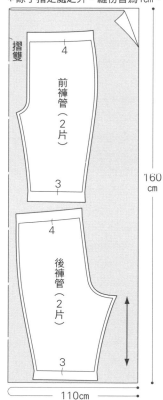

摺雙

4

前褲管（2片）

3

4

後褲管（2片）

3

160cm

110cm

使用紙型（正面）

D前片　D後片

D袖子（No.11 · 13）

D領子　D口袋

材料

表布

  No.11　天竺棉布…寬130cm　9號170cm

  ／11 · 13號180cm／15號190cm

  No.13　壓縮羊毛針織布…寬140cm

  9 · 11號190cm／13 · 15號200cm

針織布用車縫線 · 車縫針

作法（No.11 · No.13共同）

1. 製作口袋接縫。

2. 車縫肩線。前後片肩線正面相對疊合車
縫、縫份兩片一起進行Z字形車縫，倒向
身側。

3. 車縫領子後中心包邊縫，接縫領子和下
襬縫份往內側摺疊，以Z字形車縫壓裝飾
線。

4. 接縫領子。→左圖

5. 接縫袖子。重疊身片袖襬和袖子正面相
對疊合車縫。縫份兩片一起進行Z字形車
縫，倒向身片側。

6. 前後袖子至脇邊正面相對疊合車縫，從
袖口至下襬連續車縫。縫份兩片一起進
行Z字形車縫，倒向後側。

7. 車縫下襬。下襬摺疊縫份，進行Z字形車
縫後壓裝飾線。

8. 袖口縫份上摺，同下襬進行Z字形車縫後
壓裝飾線。

No.11 薄外套
圖片 P.14

No.13 紅色外套
圖片 P.15

製作順序

No.11

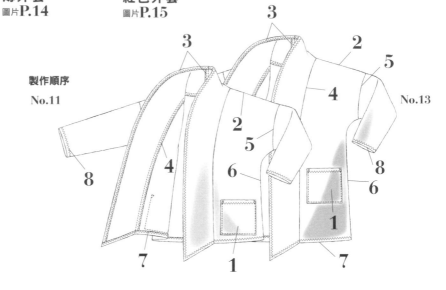

No.11 裁布圖

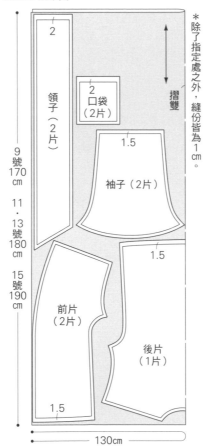

領子（2片）

2 口袋（2片）

1.5

袖子（2片）

1.5

前片（2片）

後片（1片）

1.5

摺雙

＊除了指定處之外，縫份皆為1cm。

9號170cm

11 · 13號180cm

15號190cm

130cm

No.13 裁布圖

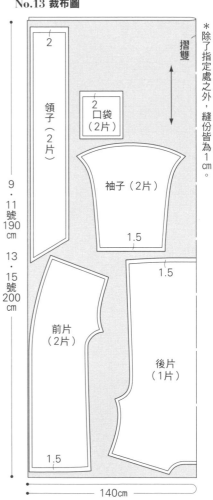

領子（2片）

2 口袋（2片）

袖子（2片）

1.5

1.5

前片（2片）

後片（1片）

1.5

摺雙

＊除了指定處之外，縫份皆為1cm。

9 · 11號190cm

13 · 15號200cm

140cm

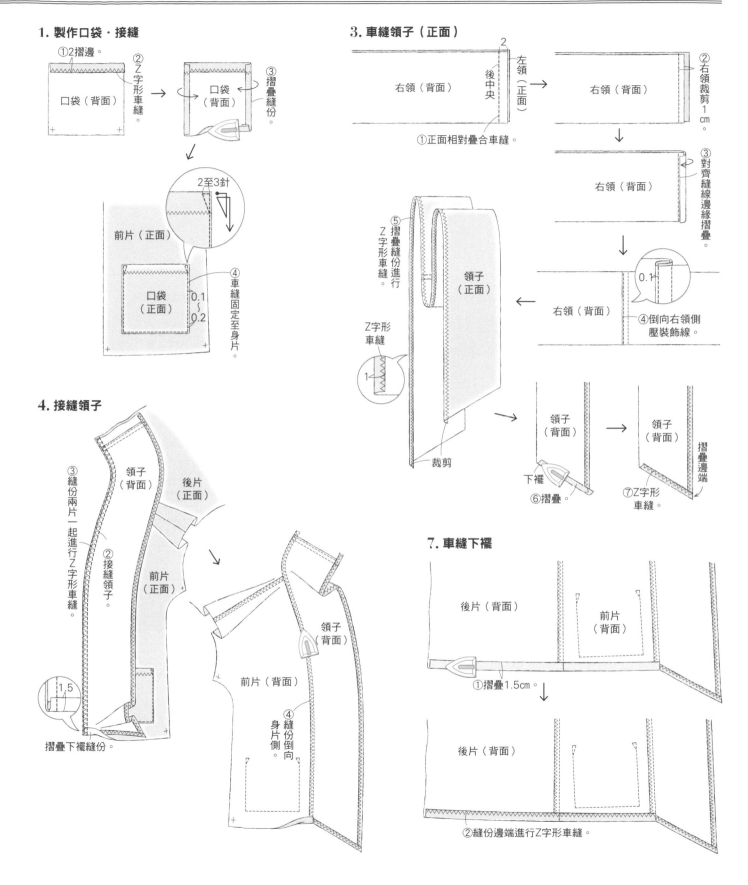

1. 製作口袋・接縫

①2摺邊。

②Z字形車縫。

口袋（背面）

③摺疊縫份。

口袋（背面）

2至3針

前片（正面）

口袋（正面）

0.1～0.2

④車縫固定至身片。

4. 接縫領子

③縫份兩片一起進行Z字形車縫。

②接縫領子。

領子（背面）

後片（正面）

前片（正面）

1.5

摺疊下襬縫份。

領子（背面）

前片（背面）

④縫份倒向身片側。

3. 車縫領子（正面）

右領（背面）

後中央

左領（正面）

①正面相對疊合車縫。

右領（背面）

②右領裁剪1cm。

右領（背面）

③對齊縫線邊緣摺疊。

0.1

右領（背面）

④倒向右領側壓裝飾線。

⑤摺疊縫份進行Z字形車縫。

領子（正面）

Z字形車縫

1

裁剪

領子（背面）

下襬

⑥摺疊。

領子（背面）

摺疊邊端

⑦Z字形車縫。

7. 車縫下襬

後片（背面）

前片（背面）

①摺疊1.5cm。

後片（背面）

②縫份邊端進行Z字形車縫。

No.12

長版背心
圖片P.14

使用紙型（正面）

D前片　D後片　D領子
D口袋

材料

表布
Polyester…寬112cm×230cm

作法

1. 製作口袋接縫（→P.51）。口袋口縫份三摺邊壓裝飾線。

2. 車縫肩線。前後片肩線正面相對疊合車縫、縫份兩片一起進行Z字形車縫，倒向後片側。

3. 車縫領子（→P.51）。前端和下襬縫份三摺邊壓裝飾線。

4. 接縫領子（→P.51）。

5. 車縫袖口。袖口縫份寬1m三摺邊壓裝飾線。

6. 前後袖至脇邊正面相對疊合，袖口至下襬車縫。縫份兩片一起進行Z字形車縫。倒向後片側。袖口1cm車縫。固定倒下的縫份。

7. 車縫下襬。下襬縫份三摺邊，邊端壓裝飾線。

4. 接縫領子

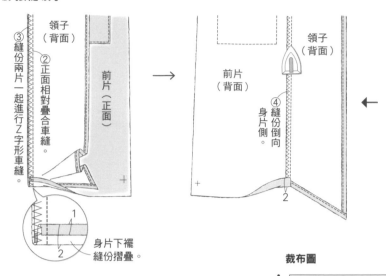

製作順序

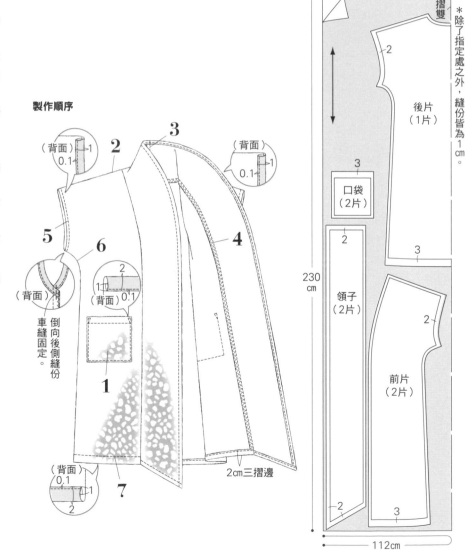

No. **14**

細褶長版上衣
圖片**P.16**

使用紙型（背面）

E前上身片　E後上身片

E前貼邊（No.14）　E後貼邊（No.14）

＊前後身片及袖口的荷葉邊，描繪製圖製作紙型。

材料

表布　棉印花布…寬110cm×210cm

黏著襯…寬90cm×30cm

事前準備

・貼邊背面貼上黏著襯。外圍進行Z字形車縫。→P.41

作法

1. 車縫肩線。前、後片肩線正面相對疊合車縫、縫份兩片一起進行Z字形車縫，倒向後側。

2. 領圍車縫貼邊。→P.41

3. 袖口車縫荷葉邊。

4. 接縫上下身片。前後下身片抽拉細褶，與上身片正面相對疊合車縫。縫份兩片一起進行Z字形車縫，倒向上身片側。

5. 袖子車縫至脇邊，前後袖子至脇邊正面相對疊合，荷葉邊邊端車縫至下襬。縫份兩片一起進行Z字形車縫，倒向後側。

6. 袖口荷葉邊縫份縫三摺邊，邊端壓裝飾線。

7. 下襬縫份三摺邊，邊端壓裝飾線。

製作順序

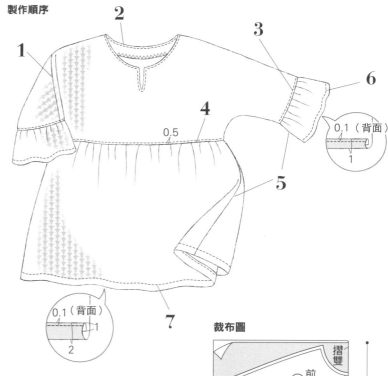

製圖

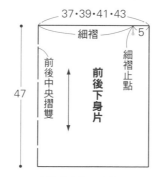

＊四尺寸由左至右為9・11・13・15號順序。
只有一個標示時四種尺寸共通。

＊除了指定處之外，縫份皆為1cm。
＊在▨的位置需貼上黏著襯。

裁布圖

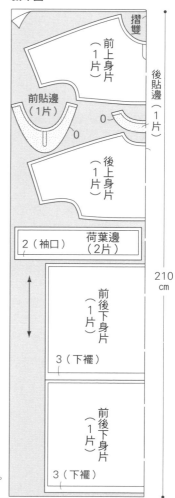

No. 15
細褶上衣
圖片P.17

使用紙型（背面）

E前上身片　E後上身片

E前貼邊（No.15）　E後貼邊（No.15）

＊前後身片及袖口的荷葉邊，描繪製圖製作紙型。

材料

表布　絲棉質印花布…寬110cm×210cm

黏著襯…寬90cm×30cm

釦子…直徑1.3cm　7個

事前準備

・貼邊背面貼上黏著襯。

・貼邊外圍進行Z字形車縫。

作法

1. 車縫肩線。前、後片肩線正面相對疊合車縫、縫份兩片一起進行Z字形車縫，倒向後側。

2. 袖口車縫荷葉邊。→圖

3. 接縫上下身片。→圖

4. 袖子車縫至脇邊，前後袖子至脇邊正面相對疊合，荷葉邊邊端車縫至下襬。縫份兩片一起進行Z字形車縫，倒向後側。

5. 袖口荷葉邊縫份三摺邊，邊端壓裝飾線。

6. 車縫貼邊肩線。領圍車縫貼邊，前端熨燙整理。→圖

7. 下襬縫份三摺邊，邊端壓裝飾線。

8. 右前端製作釦眼，左前端裝上釦子。

製作順序

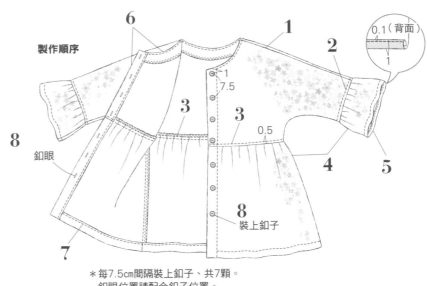

＊每7.5cm間隔裝上釦子、共7顆。
　釦眼位置請配合釦子位置。

裁布圖

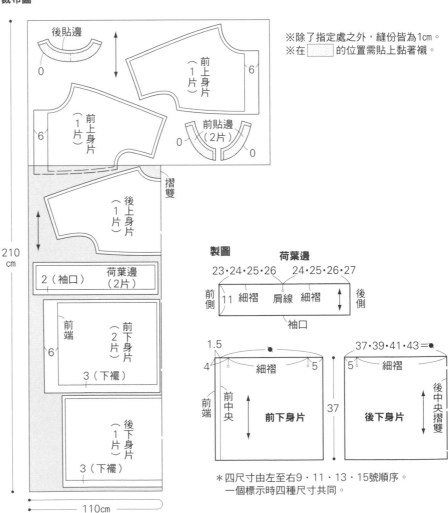

※除了指定處之外，縫份皆為1cm。

※在 ▢ 的位置需貼上黏著襯。

＊四尺寸由左至右9・11・13・15號順序。
　一個標示時四種尺寸共同。

2. 袖口車縫荷葉邊

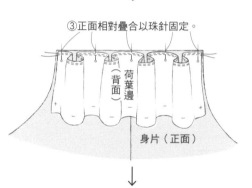

前上身片（正面）　肩線　後上身片（正面）

2等分　2等分

①兩等分作上記號。

0.3　2等分　2等分

0.8　肩線合印記號　荷葉邊（背面）

②粗針目車縫兩條縫線製作細褶。

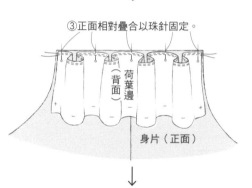

③正面相對疊合以珠針固定。

荷葉邊（背面）

身片（正面）

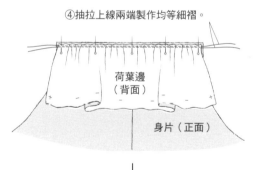

④抽拉上線兩端製作均等細褶。

荷葉邊（背面）

身片（正面）

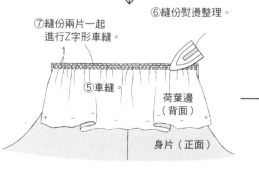

⑥縫份熨燙整理。

⑦縫份兩片一起進行Z字形車縫。

1

⑤車縫

荷葉邊（背面）

身片（正面）

3. 接縫上下身片

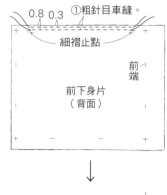

0.8　0.3　①粗針目車縫。

細褶止點

前下身片（背面）

前端

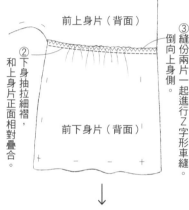

前上身片（背面）

②下身抽拉細褶，和上身片正面相對疊合。

③縫份兩片一起進行Z字形車縫，倒向上身側。

前下身片（背面）

前上身片（正面）

④壓裝飾線0.5cm。

前下身片（正面）

＊後片依相同方法車縫。

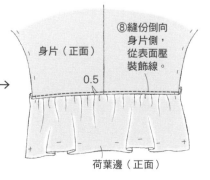

身片（正面）

0.5

⑧縫份倒向身片側，從表面壓裝飾線。

荷葉邊（正面）

6. 領圍車縫貼邊，前端熨燙整理

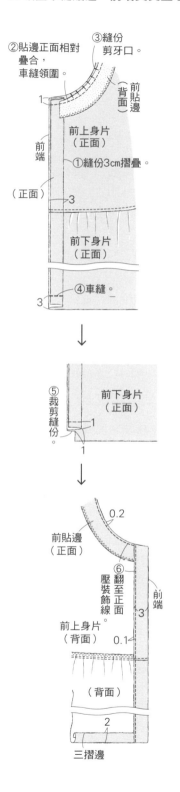

②貼邊正面相對疊合，車縫領圍。

③縫份剪牙口。

前貼邊（背面）

前端

前上身片（正面）

①縫份3cm摺疊。

（正面）

3

前下身片（正面）

④車縫。

3

⑤裁剪縫份。

1

1

前下身片（正面）

0.2

前貼邊（正面）

⑥翻至正面

壓裝飾線

3

前端

前上身片（背面）

0.1

（背面）

2

三摺邊

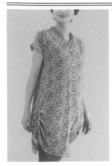

No.16 前開襟長版上衣
圖片**P.18**

使用紙型（背面）

E前片　E後片　E後剪接

E前貼邊（**No.16**）　E後貼邊（**No.16**）

E荷葉邊（**No.16**）

材料

表布　水洗藍色Rayon布…

寬110cm×210cm

黏著襯…寬90cm×30cm

釦子…直徑1.5cm　7個

事前準備

・貼邊背面貼上黏著襯。

・貼邊外圍進行Z字形車縫。

作法

1. 後片抽細褶，接縫後剪接片。縫份兩片一起進行Z字形車縫，倒向剪接側。壓裝飾線。→P.55-**3**

2. 車縫肩線。前、後片肩線正面相對疊合車縫、縫份兩片一起進行Z字形車縫，倒向後側。

3. 袖口縫份三摺邊，邊端壓裝飾線。→P.58

4. 製作荷葉邊。→圖

5. 車縫領圍，前端熨燙整理。領圍包夾荷葉邊車縫貼邊。→圖

6. 車縫脇邊→圖

7. 下襬縫份三摺邊，邊端壓裝飾線。

8. 摺疊脇邊褶襉車縫。脇邊縫線作上褶襉位置記號，摺疊褶襉壓裝飾線固定。

9. 右前端製作釦眼，左前端裝上釦子。

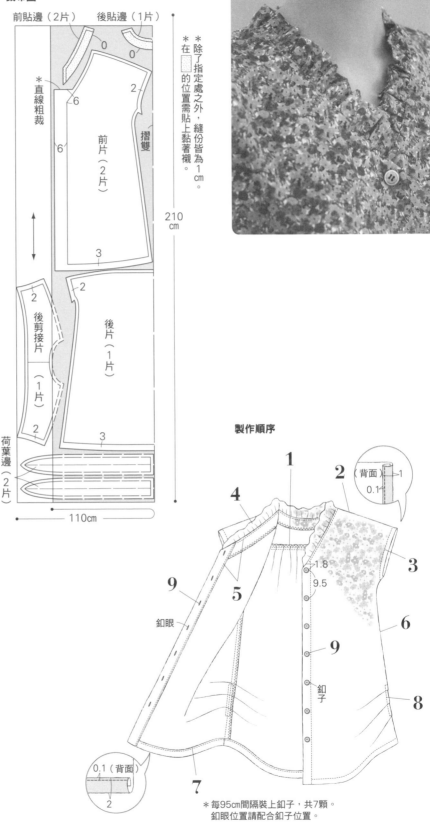

裁布圖

前貼邊（2片）　後貼邊（1片）

直線粗裁

前片（2片）

摺雙

後剪接片（1片）

後片（1片）

荷葉邊（2片）

210 cm

110cm

＊除了指定處之外，縫份皆為1cm。

＊在 ▢ 的位置需貼上黏著襯。

製作順序

＊每95cm間隔裝上釦子，共7顆。釦眼位置請配合釦子位置。

4. 製作荷葉邊

④抽拉兩條上線調整長度，
　對齊車縫尺寸。

荷葉邊（正面）　②背面相對疊合。

①連接。　③兩條粗針目車縫。

0.8
0.3

5. 車縫領圍，前端熨燙整理

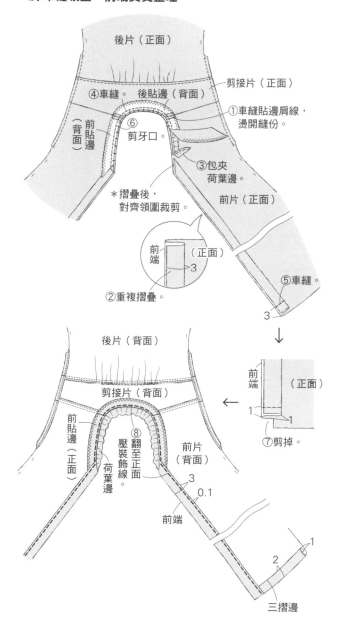

後片（正面）

剪接片（正面）

④車縫。　後貼邊（背面）

①車縫貼邊肩線，
　燙開縫份。

前貼邊（背面）

⑥剪牙口。

③包夾荷葉邊。

＊摺疊後，
　對齊領圍裁剪。

前片（正面）

前端（正面）
3

②重複摺疊。

⑤車縫。
3

前端（正面）
1　1

⑦剪掉。

後片（背面）

剪接片（背面）

前貼邊（正面）

荷葉邊

⑧翻至正面
壓裝飾線。

前片（背面）

3
0.1
前端

1
2

三摺邊

6. 車縫脇邊

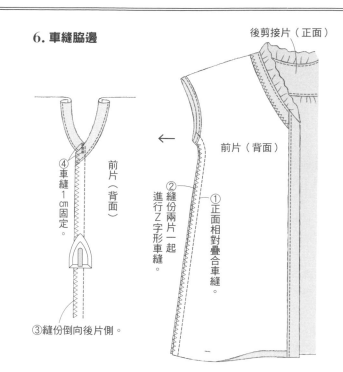

後剪接片（正面）

④車縫1cm固定。

前片（背面）

②縫份兩片一起
進行Z字形車縫。

①正面相對疊合車縫。

前片（背面）

③縫份倒向後片側。

8. 摺疊脇邊褶襉車縫

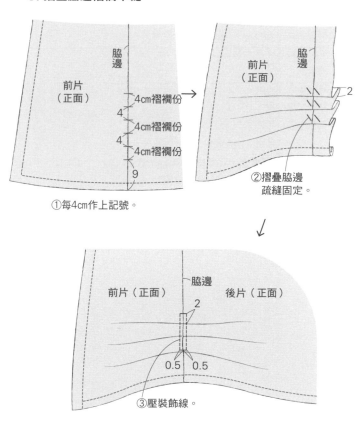

前片（正面）

脇邊

4cm褶襉份
4
4cm褶襉份
4
4cm褶襉份
9

①每4cm作上記號。

前片（正面）

脇邊

2

②摺疊脇邊
疏縫固定。

前片（正面）　脇邊　後片（正面）

2

0.5　0.5

③壓裝飾線。

No.**17**
罩衫式長版上衣
圖片**P.19**

使用紙型（背面）

E前片　E後片　E後剪接

E前貼邊（**No.17**）　E後貼邊（**No.17**）

材料

表布　亞麻布…寬110cm×200cm

黏著襯…寬90cm×30cm

事前準備

・貼邊背面貼上黏著襯。

・貼邊外圍進行Z字形車縫。

作法

1. 後片抽細褶，接縫後剪接片。縫份兩片一起進行Z字形車縫，倒向剪接側。壓裝飾線。

2. 車縫肩線。前、後片肩線正面相對疊合車縫，縫份兩片一起進行Z字形車縫，倒向後側。

3. 車縫袖口。→圖

4. 領圍車縫貼邊。→P.37

5. 車縫脇邊→P.57

6. 下襬縫份三摺邊，邊端壓裝飾線。

7. 摺疊脇邊褶襇車縫。脇邊縫線作上褶襇位置記號，摺疊褶襇壓裝飾線固定。→P.57

製作順序

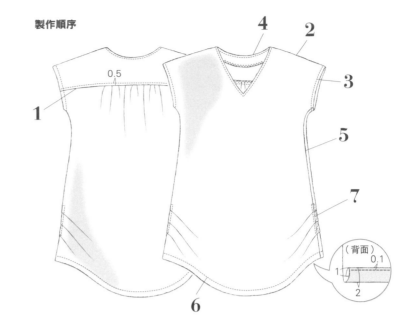

裁布圖

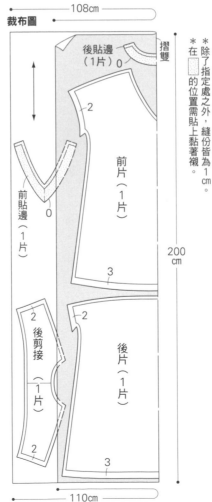

＊＊在的位置需貼上黏著襯。除了指定處之外，縫份皆為1cm。

3. 車縫袖口

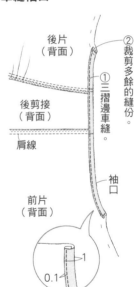

No.**19**

燈籠褲
圖片**P.21**

使用紙型（背面）
F前後褲管　F袋布

材料
表布　Rayon印花布…寬110cm×180cm
黏著襯條…寬1.5cm×40cm
鬆緊帶
　腰圍用…寬2.5cm　適量
　下襬用…寬1cm　9號48cm2條／11號50cm
　2條／13號53cm2條／15號55cm2條

事前準備
・同一張紙型裁剪兩片的前後褲管。一片的
　口袋口貼上黏著襯條。貼黏著襯條為前褲
　管。

作法
1.　串縫脇邊。製作口袋。→P.38
　　單側脇邊腰帶縫份，製作鬆緊帶穿入口。
　　→P.49

2.　車縫下股圍。→圖

3.　車縫下襬。→圖

4.　腰線縫份三摺邊，邊端壓裝飾線。

5.　腰圍、下襬穿過鬆緊帶。請試穿後再決
　　定鬆緊帶長度。腰圍、下襬鬆緊帶兩端
　　均重疊2cm車縫固定。

製作順序

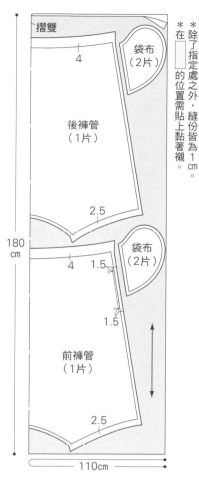

裁布圖

摺雙

袋布
（2片）

後褲管
（1片）

2.5

袋布
（2片）

4　1.5

1.5

前褲管
（1片）

2.5

180cm

110cm

＊＊在□□的位置需貼上黏著襯。

除了指定處之外，縫份皆為1cm。

2. 車縫下股圍

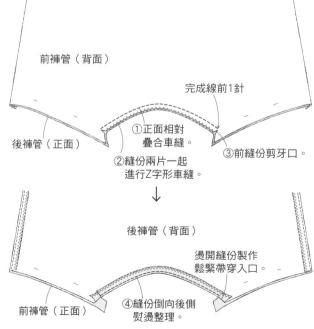

前褲管（背面）

後褲管（正面）

完成線前1針

①正面相對
　疊合車縫。

②縫份兩片一起
　進行Z字形車縫。

③前縫份剪牙口。

後褲管（背面）

燙開縫份製作
鬆緊帶穿入口。

前褲管（正面）

④縫份倒向後側
　熨燙整理

3. 車縫下襬

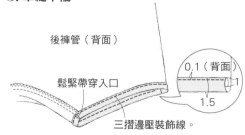

後褲管（背面）

鬆緊帶穿入口

0.1（背面）

1

1.5

三摺邊壓裝飾線。

No.18

花苞裙
圖片P.20

使用紙型（背面）
F前後裙片　F裡前後裙片
F腰帶　F袋布

材料
表布　夏天羊毛布…寬148cm×180cm
裡布…寬92cm×140cm
黏著襯條…寬1.5cm×40cm
鬆緊帶…寬2.5cm　適量
棉織帶…寬1cm　9號130cm／11號140cm／
13號150cm／15號160cm

事前準備
・同一張紙型裁剪兩片的前後裙片。一片的
　口袋口貼上黏著襯條。貼黏著襯條為前裙
　片。

作法
1. 車縫表布脇邊。製作口袋。→P.38
2. 車縫裡布脇邊。縫份倒向後側。
3. 接縫表裙片及裡裙片。表裙片腰圍及下
　襬抽拉細褶，下襬及裡布正面相對疊合
　車縫。翻至正面，表裡布腰圍背面相對
　疊合，縫份疏縫固定。
4. 車縫腰帶前中心。→圖
5. 接縫腰帶。→圖
6. 腰帶穿過鬆緊帶及棉織帶。請試穿後再
　決定鬆緊帶長度。先穿過鬆緊帶後再穿
　棉織帶。

製作順序

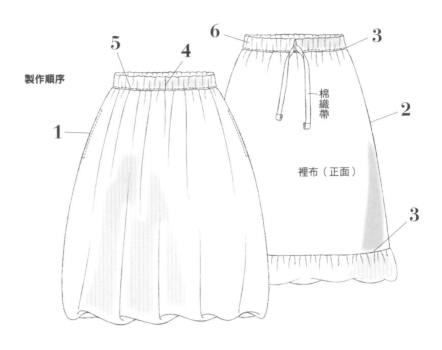

5　4
6　3
1
棉織帶
裡布（正面）
2
3
3

裁布圖

表布

摺雙
袋布（2片）
後裙片（1片）
摺雙
1.5
袋布（2片）
1.5
腰帶（1片）
前裙片（1片）

180cm
148cm

※※在　的位置需貼上黏著襯。
除了　指定處之外，縫份皆為1cm。

裡布

摺雙
裡前後裙片（1片）
裡前後裙片（1片）

140cm
92cm

3. 接縫表裙片及裡裙片

0.3

0.8
①粗針目車縫。

表前裙片（正面）

0.8 ①粗針目車縫。

0.3

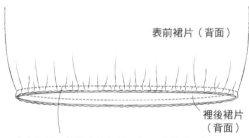

表前裙片（背面）

裡後裙片
（背面）

②表裙片下襬配合裡裙片下襬尺寸抽拉細褶，
表裡裙片下襬正面相對疊合車縫。

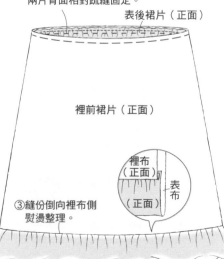

④表布腰圍配合裡布腰圍抽拉細褶，
兩片背面相對疏縫固定。

表後裙片（正面）

裡前裙片（正面）

③縫份倒向裡布側
熨燙整理。

裡布
（正面）

表布
（正面）

4. 車縫腰帶前中心

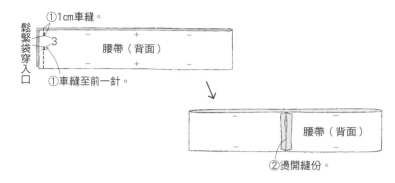

鬆緊袋穿入口

①1cm車縫。

3

腰帶（背面）

①車縫至前一針。

腰帶（背面）

②燙開縫份。

5. 接縫腰帶

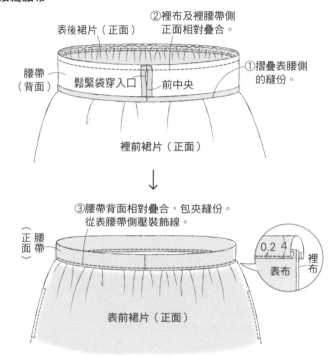

表後裙片（正面）

②裡布及裡腰帶側
正面相對疊合。

腰帶
（背面）

鬆緊袋穿入口 前中央

①摺疊表腰側
的縫份。

裡前裙片（正面）

③腰帶背面相對疊合，包夾縫份。
從表腰帶側壓裝飾線。

（正面）腰帶

0.2 4

表布

裡布

表前裙片（正面）

6. 腰帶穿過鬆緊帶及棉織帶

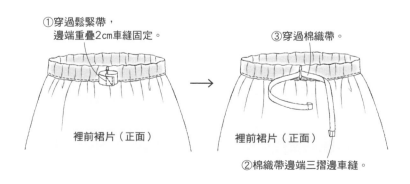

①穿過鬆緊帶，
邊端重疊2cm車縫固定。

③穿過棉織帶。

裡前裙片（正面）

裡前裙片（正面）

②棉織帶邊端三摺邊車縫。

No.20

褶襉裙
圖片**P.22**

使用紙型（背面）

F前後裙片　F腰帶　F袋布

材料

表布　圓點單寧布…寬150cm×190cm

黏著襯條…寬1.5cm×40cm

鬆緊帶…寬2.5cm　適量

棉織帶…寬1cm　9號130cm／11號140cm／

13號150cm／15號160cm

事前準備

· 同一張紙型裁剪兩片的前後裙片。一片的
　口袋口貼上黏著襯條。貼黏著襯條為前裙
　片。

· 下襬縫份Z字形車縫。

作法

1. 車縫表布脇邊。製作口袋。→P.38

2. 摺疊腰部褶襉。

3. 摺疊下襬縫份，壓裝飾線。

4. 車縫腰帶前中心。→P.61

5. 接縫腰帶。→P.61

6. 腰帶穿過鬆緊帶和棉織帶。請試穿後再
　決定鬆緊帶長度。先穿過鬆緊帶後再穿
　棉織帶。→P.61

製作順序

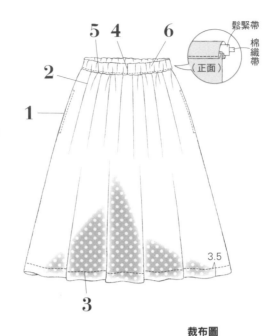

2. 摺疊腰部褶襉

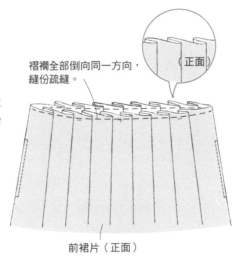

褶襉全部倒向同一方向，
縫份疏縫。

（正面）

前裙片（正面）

裁布圖

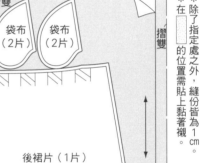

摺雙

袋布
（2片）

袋布
（2片）

摺雙

後裙片（1片）

腰帶
（1片）

190
cm

4

1.5

1.5

前裙片（1片）

4

150cm

＊除了指定處之外，縫份皆為1
cm。

＊在▨的位置需貼上黏著襯。

No.21

連身裙
圖片P.24

使用紙型（背面）

E前片　E後片

E前貼邊（No.21）　E後貼邊（No.21）

E前袖襱貼邊　E後袖襱貼邊

E口袋

＊吊環用的斜布紋布。不需製作紙型，依裁布
　圖尺寸直接裁剪。

材料

表布　Polyester印花布…

寬110cm×220cm

黏著襯…寬90cm×30cm

釦子…直徑1.3cm　1個

事前準備

・貼邊背面貼上黏著襯。

・肩線、脇邊縫份、貼邊外圍進行Z字形車縫。

作法

1. 製作口袋（P.64）。底部弧線部分縫份
進行平針縫，抽拉縫線調整弧線形狀，
縫份熨燙整理。

2. 接縫口袋。→P.65

3. 車縫肩線。前後肩線正面相對疊合車
縫，燙開縫份。

4. 車縫領圍，製作後開衩。開衩包夾釦
環。→圖

5. 車縫脇邊，前後邊脇邊正面相對疊合，
燙開縫份。

6. 袖襱車縫貼邊。→P.65

7. 下襬縫份三摺邊，邊端壓裝飾線。

8. 對齊後開衩釦環位置，左後端裝上釦
子。

製作順序

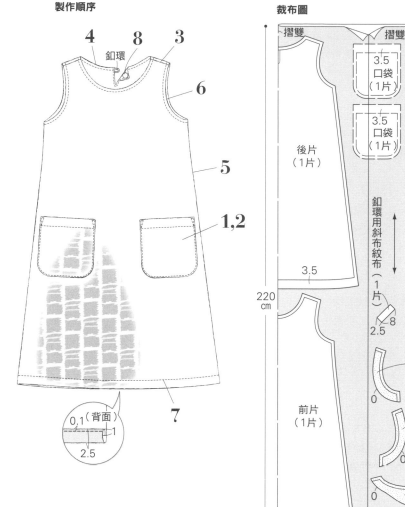

4. 車縫領圍，製作後開衩

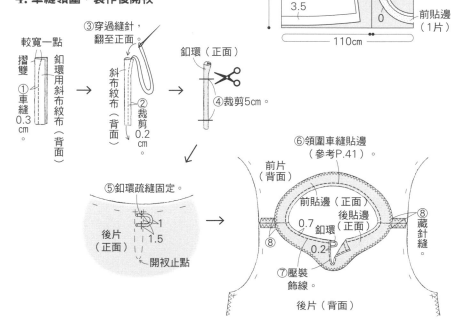

裁布圖

長版背心
圖片 **P.25**

使用紙型（背面）

E前片　E後片

E前貼邊（No.22）

E後貼邊（No.22）

E前袖襱貼邊　E後袖襱貼邊

E口袋　E袋蓋

材料

表布　伸縮單寧布…寬168cm

9‧11‧13號120cm／15號140cm

黏著襯…寬90cm×100cm

釦子…直徑2.3cm　5個

針織布用車縫線

事前準備

‧各貼邊、袋蓋兩片背面貼上黏著襯。貼上
　黏著襯的袋蓋為表袋蓋。

‧肩線、脇邊縫份、貼邊外圍進行Z字形車縫。

作法

1. 製作口袋、袋蓋。→圖

2. 接縫口袋、袋蓋。→圖

3. 車縫肩線。前後肩線正面相對疊合車
　縫，燙開縫份。

4. 領圍接縫貼邊。→圖

5. 車縫脇邊，前後邊脇邊正面相對疊合，
　燙開縫份。

6. 袖襱車縫貼邊。→圖

7. 下襬縫份三摺邊，邊端壓裝飾線。

8. 左前端裝上釦子、右前端製作釦眼。

製作順序

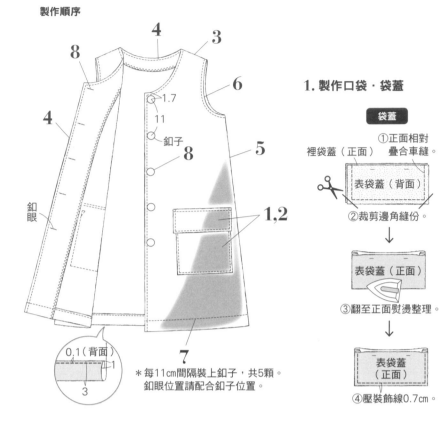

＊每11cm間隔裝上釦子，共5顆。
釦眼位置請配合釦子位置。

裁布圖

表袋蓋（2片）

3.5
口袋
（2片）

裡袋蓋
（2片）

摺雙
後貼邊
（1片）

貼
邊
前
袖
襱
（2片）

前貼邊
（2片）

前片
（2片）

後袖襱貼邊
（2片）

後片
（1片）

9‧11‧13號120cm
15號140cm

7　　4　　　4

168cm

＊＊在　　　的位置需貼上黏著襯。
除了指定處之外，縫份皆為1cm。

1. 製作口袋‧袋蓋

袋蓋

①正面相對疊合車縫。

裡袋蓋（正面）

表袋蓋（背面）

②裁剪邊角縫份。

表袋蓋（正面）

③翻至正面熨燙整理。

表袋蓋（正面）

④壓裝飾線0.7cm。

口袋

①三摺邊。

1

2.5

口袋（背面）

②壓裝飾線

0.1

口袋（背面）

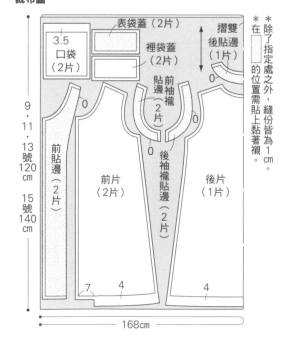

口袋（背面）

③摺疊縫份。

2. 接縫口袋・袋蓋

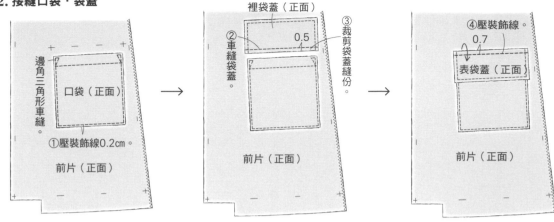

邊角三角形車縫。

口袋（正面）

①壓裝飾線0.2cm。

前片（正面）

裡袋蓋（正面）

②車縫袋蓋。

0.5

③裁剪袋蓋縫份。

前片（正面）

④壓裝飾線。

0.7

表袋蓋（正面）

前片（正面）

---

4. 領圍接縫貼邊

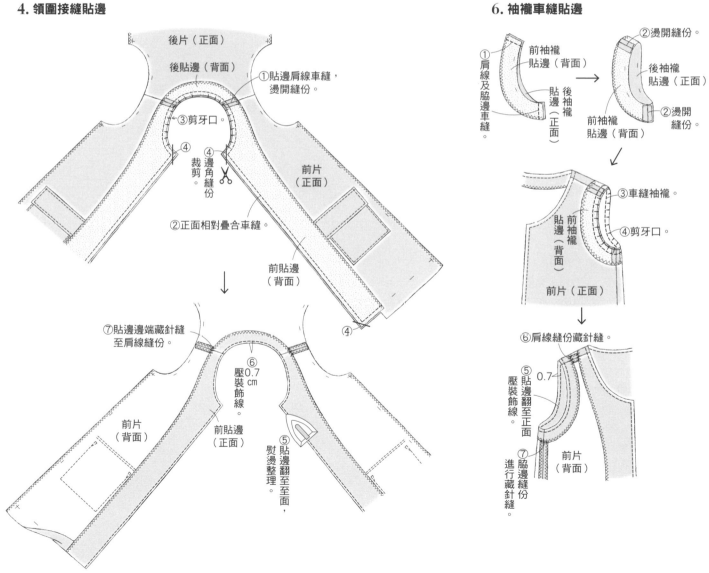

後片（正面）

後貼邊（背面）

①貼邊肩線車縫，燙開縫份。

③剪牙口

④

④邊角縫份裁剪。

④

裁剪。

前片（正面）

②正面相對疊合車縫。

前貼邊（背面）

⑦貼邊邊端藏針縫至肩線縫份。

⑥壓0.7cm裝飾線。

⑤貼邊翻至至正面，熨燙整理。

前片（背面）

前貼邊（正面）

④

6. 袖襱車縫貼邊

①肩線及脇邊車縫。

前袖襱貼邊（背面）

後袖襱貼邊（正面）

②燙開縫份。

後袖襱貼邊（正面）

前袖襱貼邊（背面）

②燙開縫份。

③車縫袖襱。

前袖襱貼邊（背面）

④剪牙口。

前片（正面）

⑥肩線縫份藏針縫。

⑤貼邊翻至正面壓裝飾線。

0.7

⑦脇邊縫份進行藏針縫。

前片（背面）

No.23
棉質飛鼠褲
圖片P.26

No.24
厚羊毛飛鼠褲
圖片P.27

使用紙型（背面）
G前中央側褲管　G後中央側褲管
G前脇邊側褲管　G後脇邊側褲管
G袋布

材料
表布
　No.23　棉斜紋布布…寬110cm×170cm
　No.24　Polyester混棉針織布…
　　寬158cm×140cm
黏著襯條…寬1.5cm×40cm
鬆緊帶…寬2cm　適量
針織布用專用縫針、縫線（**No.24**）

事前準備（No.23・No.24共同）
・前脇邊側褲管口袋口縫份，貼上黏著襯條。
・腰圍、脇邊、下襬、脇側褲管股下，
　No.23中心側褲管股下縫份進行Z字形車
　縫。

作法（No.23・No.24共同）
1. 車縫脇邊。製作口袋。→P.38
　左脇邊腰帶縫份，製作鬆緊帶穿入口。
　→P.49
2. 車縫脇側褲管下股圍。→圖
　車縫No.23中心側褲管股下，燙開縫份。
3. 摺疊下襬縫份，壓裝飾線。
4. 接縫中心側和脇側褲管。中心側褲管和
　脇側褲管正面相對疊合，前腰圍至後腰
　圍連續車縫。縫份兩片一起進行Z字形車
　縫，倒向中心側。
5. 摺疊腰部縫份，壓裝飾線。
6. 穿過鬆緊帶。請之後再決定鬆緊帶長
　度。腰圍、下襬鬆緊帶兩端均重疊2cm
　車縫固定。

No.23 裁布圖

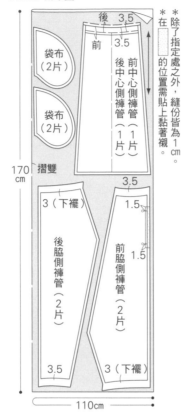

袋布（2片）
袋布（2片）
後 3.5
前 3.5
前中心側褲管（1片）
後中心側褲管（1片）
170cm
摺雙
3.5
3（下襬）
1.5
後脇側褲管（2片）
前脇側褲管（2片）
1.5
1.5
3.5
3（下襬）
110cm

＊在□的位置需貼上黏著襯。
＊除了指定處之外，縫份皆為1cm。

No.24 裁布圖

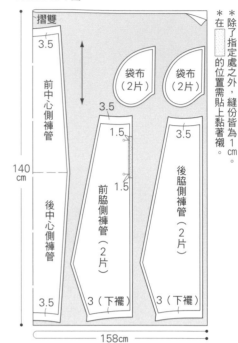

摺雙
3.5
前中心側褲管
後中心側褲管
袋布（2片）
袋布（2片）
3.5
1.5
1.5
3.5
前脇側褲管（2片）
後脇側褲管（2片）
140cm
3.5
3（下襬）
3（下襬）
158cm

＊在□的位置需貼上黏著襯。
＊除了指定處之外，縫份皆為1cm。

製作順序

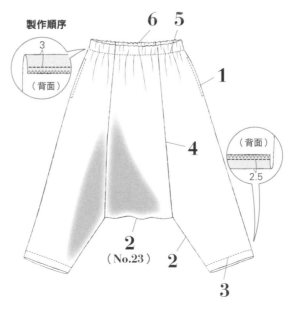

6　5
3
（背面）
1
4
（背面）
2.5
2
（No.23）
2
3

2. 車縫脇側褲管下股圍

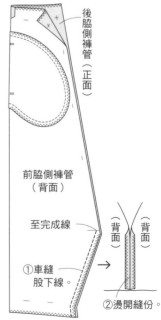

後脇側褲管（正面）
前脇側褲管（背面）
至完成線
①車縫股下線。
（背面）（背面）
②燙開縫份。

No. 25

褶襇連身裙
圖片P.28

使用紙型（背面）

E前片　E後片

E前貼邊（No.25）　E後貼邊（No.25）

E袋布

＊後開衩吊環用的斜布紋布，不需製作紙型，依裁布圖尺寸直接裁剪。

材料

表布　棉印花布…

　9・11・13號　寬110cm×240cm

　／15號　寬114cm×240cm

黏著襯…寬90cm×20cm

黏著襯條…寬1.5cm×40cm

釦子…直徑1.3cm　1個

＊15號尺寸請準備114cm布寬以上的布料。

事前準備

・貼邊背面貼上黏著襯。

・前片口袋口縫份背面貼上黏著襯條。

・貼邊外圍進行Z字形車縫。

作法

1. 車縫前片褶襇。→圖
2. 袖口縫份三摺邊，邊端壓裝飾線。
3. 抽拉細褶，車縫肩線。
4. 車縫領圍貼邊，製作後開衩。
5. 車縫脇邊，製作口袋。→P.38
6. 下襬縫份三摺邊，邊端壓裝飾線。
7. 對齊後開衩釦環位置，左後身片裝上釦子。

裁布圖

＊除了指定處之外，縫份皆為1cm。

＊在 □ 的位置需貼上黏著襯。

摺雙

前貼邊（1片）

0

後片（1片）

釦環斜布條布（1片）

2.5　8

袋布（2片）

袋布（2片）

240cm

3.5

後貼邊（1片）

0

前片（1片）

1.5

1.5

3.5

9號・11號・13號　110cm
15號　114cm

製作順序

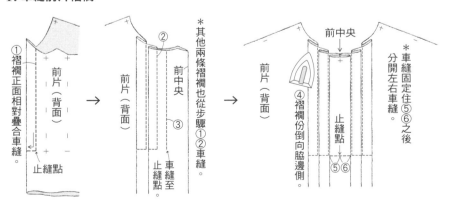

（背面）－0.5
0.1

0.1（背面）
2.5

4　7　3

2

1

5

6

3. 車縫肩線細褶

②兩條線一起抽拉。

④縫份兩片一起進行Z字形車縫。

後片（正面）

細褶止點

7

前片（正面）

0.3
0.8

①粗針目車縫。

③車縫肩線。

前片（背面）

＊後肩線作法相同。

1. 車縫前片褶襇

①褶襇正面相對疊合車縫。

前片（背面）

止縫點

②

③

前片（背面）

前中央

車縫至止縫點。

止縫點

＊其他兩條褶襇也從步驟①②車縫。

前片（背面）

前中央

④褶襇份倒向脇邊側。

止縫點

⑤⑥

＊車縫固定住⑤⑥分開左右車縫。

No.27
荷葉邊連身裙
圖片P.30

使用紙型（背面）

E前片　E後片

E前貼邊（No.27）

E後貼邊（No.27）　E袋布

E上側荷葉邊・下側荷葉邊（No.27）

材料

表布　棉麻先染布…

寬110cm×240cm

黏著襯…寬90cm×30cm

黏著襯條…寬1.5cm×40cm

事前準備

・貼邊背面貼上黏著襯。

・前片口袋口縫份背面貼上黏著襯條。

・荷葉邊車縫側(細褶側)縫份，貼邊外
　圍進行Z字形車縫。

作法

1. 前後片肩線正面相對疊合車縫，
　縫份兩片一起進行Z字形車縫。倒
　向衣身側。

2. 袖口縫份三摺邊，邊端壓裝飾線。

3. 製作荷葉邊。→圖

4. 接縫荷葉邊。在身片表面描繪上
　荷葉邊車縫記號，車縫固定荷葉
　邊。→圖

5. 車縫領圍貼邊（→P.37）。領圍
　壓線從前中心開始，注意避開左
　領圍上側荷葉邊。

6. 車縫脇邊，製作口袋。→P.38、
　P.57

7. 下襬縫份三摺邊，邊端壓裝飾
　線。

製作順序

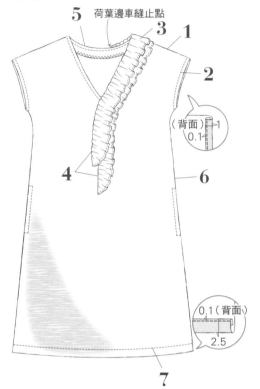

5　荷葉邊車縫止點

3　1

2

4

6

7

（背面）1
0.1

0.1（背面）
2.5

荷葉邊車縫位置

1.5

領圍包夾
上側荷葉邊

右前身片

左前身片

3.5　1.5

2.5

上側荷葉邊車縫位置

下側荷葉邊車縫位置

23

止縫點

8.5

領圍包夾
上側荷葉邊

3.5

1.5

下側荷葉邊車縫位置

左縫點

4.5

後中央

右後身片

左後身片

上側荷葉邊車縫位置

3. 製作荷葉邊

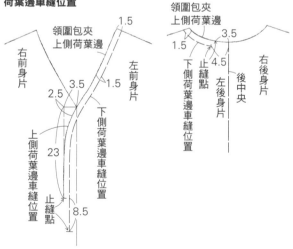

0.8　0.3　②車縫兩條粗針目縫線。

上側荷葉邊（背面）

③抽拉兩條縫線
製作細褶。

①0.5cm三摺邊
壓裝飾線。

＊下側荷葉邊也以相同方法製作。

裁布圖

摺雙

前片
（1片）

2

1.5

1.5

3.5

摺雙

後片
（1片）

2

3.5

後貼邊
（1片）

前貼邊
（1片）

0

0

袋布
（2片）

袋布
（2片）

上側荷葉邊（1片）

下側荷葉邊（1片）

240
cm

110cm

＊＊除了指定處之外，縫
份皆為1cm。

＊在□□□的位置需貼上黏著襯。

4. 接縫荷葉邊。

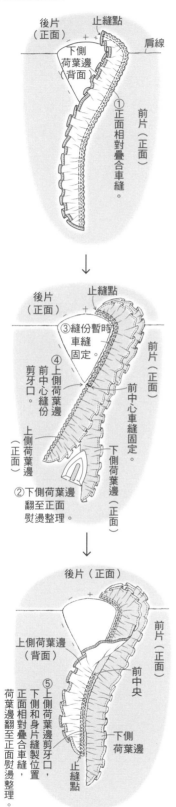

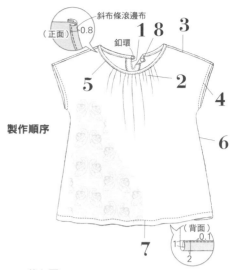

1 8 3

斜布條滾邊布

（正面）0.8

釦環

5

2

4

6

製作順序

（背面）0.1

7

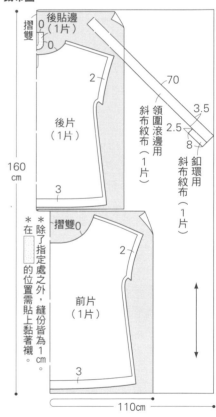

裁布圖

No.26

細褶上衣
圖片**P.29**

使用紙型（背面）

E前片　E後片

E後貼邊（**No.26**）

＊領圍斜布紋布及後開衩釦環用斜布紋
　布，依照裁布圖直接裁剪。

材料

表布　Silk棉質斜紋布…
寬110cm×160cm

黏著襯…10×10cm

釦子…直徑1.3cm　1個

事前準備

‧後貼邊背面貼上黏著襯、外圍進行Z字
　形車縫。

作法

1. 製作後開衩。（P.63但不要車縫領
　圍，包夾釦環，只車縫開衩部分）

2. 前領圍抽拉細褶。→圖

3. 車縫肩線。前後片肩線正面相對疊
　合車縫，縫份兩片一起進行Z字形車
　縫。倒向後側。

4. 袖口縫份三摺邊，邊端壓裝飾線。
　→P.58

5. 領圍包捲斜布條滾邊車縫。

6. 車縫脇邊，前後片脇邊正面相對疊
　合車縫，縫份兩片一起進行Z字形車
　縫。倒向後側。→P.57

7. 下襬縫份三摺邊，邊端壓裝飾線。

8. 對齊後開衩位置，左後片裝上釦
　子。

2. 前領圍抽拉細褶

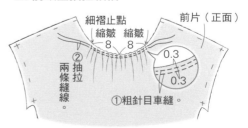

No.28
圓點寬褲
圖片P.32

No.29
棉質寬褲
圖片P.33

使用紙型（背面）
H前褲管　H後褲管　H袋布

材料（No.28・29共同）
表布
　No.28　針織印花布…
　寬170cm×130cm
　No.29　棉織布…寬110cm×190cm
黏著襯條…寬1.5cm×40cm
鬆緊帶…寬2cm　適量
針織用車縫線・車縫針（No.28）

事前準備（No.28・No.29共通）
・前褲管口袋口貼上黏著襯條。

作法（No.28・No.29共同）
1. 車縫脇邊。製作口袋。→P.38
2. 前、後褲管股圍各自車縫。前腰圍縫份
　製作鬆緊袋穿入口。→P.49
3. 車縫股下圍。前、後褲管下股圍正面相
　對疊合，左右下股圍連續車縫。縫份兩
　片一起進行Z字形車縫、倒向後側。
4. 下襬縫份三摺邊，邊端壓裝飾線。
5. 腰線縫份三摺邊，邊端壓裝飾線。
6. 腰圍穿過鬆緊帶。請試穿後再決定鬆緊
　帶長度。腰圍、下襬鬆緊帶兩端均重疊2
　cm車縫固定。

No.28 裁布圖

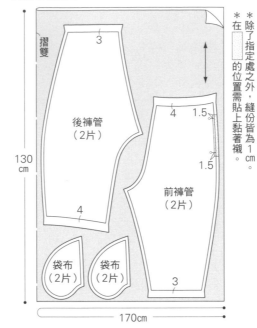

＊在　　的位置需貼上黏著襯。
＊除了指定處之外，縫份皆為1cm。

No.29 裁布圖

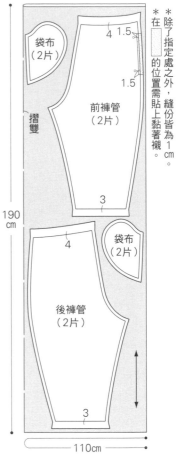

＊在　　的位置需貼上黏著襯。
＊除了指定處之外，縫份皆為1cm。

製作順序

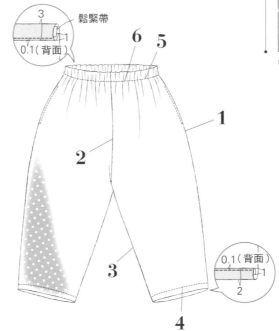

No.1至5（紙型A）

尺寸		9・11號	13・15號
胸圍		128	138
衣長	No.1	58	58.8
	No.2	70	70.8
	No.3	90	90.8
	No.4・5	105	105.8
袖長	No.1・5	約46	約46.5
	No.2	約67	約67.5
	No.3	約74	約74.5
	No.4	約58	約58.5

No.6至8（紙型B）

尺寸		9號	11號	13・15號
臀圍		約109	約113	約119
褲長	No.6・8	95	96	97
	No.7	63.5	64.5	65.5

No.9・10（紙型C）

尺寸		9號	11號	13號	15號
胸圍		約96	約100	約106	約112
衣長		98.7	99	99.5	100
袖長	No.9	約50.5	約51	約52.5	約53.5
	No.10	約32	約33.5	約35	約36.5

No.11至13（紙型D）

尺寸		9號	11號	13號	15號
胸圍		約100	約105	約109.5	約114
衣長	No.11	67	67.5		67.8
	No.12	100	100.5		100.8
	No.13	82	82.5		82.8
袖長	No.11・13	約75	約75.5		約75.8
	No.12	約34	約34.5		約34.8

No.14・15（紙型E）

尺寸		9號	11號	13號	15號
胸圍		約95	約100	約105	約111
衣長	No.14	77.7	78.1		78.5
	No.15	67.7	68.1		68.5
袖長		約61	約61.5	約62	約63

No.16・17（紙型E）

尺寸	9號	11號	13號	15號
胸圍	約107	約112	約117	約123
衣長	86.4	86.8		87.2
袖長	約31.5	約33	約34.5	約36

No.21・22（紙型E）

尺寸		9號	11號	13號	15號
胸圍		92	97	102	108
衣長	No.21	95.7	96		96.4
	No.22	81	81.4		81.8

No.25至27（紙型E）

尺寸		9號	11號	13號	15號
胸圍	No.25・27	約95	約100	約105	約111
	No.26	約107	約112	約117	約123
衣長	No.25	95.7	96		96.4
	No.26	58.7	59		59.4
	No.27	97.3	97.7		98.2
袖長		約31.5	約33	約34.5	約36

No.18（紙型F）

尺寸	9號	11號	13號	15號
臀圍	118	122	128	134
裙長	75			

No.19（紙型F）

尺寸	9號	11號	13號	15號
臀圍	148	152	158	164
脇邊長	69			

No.20（紙型F）

尺寸	9號	11號	13號	15號
臀圍	214	218	224	230
裙長	76			

No.23・24（紙型G）

尺寸	9・11號	13・15號
臀圍	124	132
脇邊長	83	83.8

No.28・29（紙型H）

尺寸	9・11號	13・15號
臀圍	122	132
褲長	82.5	84

Sewing 縫紉家 23

自己縫製的大人時尚‧
29件簡約俐落手作服

....

作　　　者／月居良子		
譯　　　者／洪鈺惠		
發　行　人／詹慶和		
總　編　輯／蔡麗玲		
執行編輯／劉蕙寧		
編　　　輯／蔡毓玲‧黃璟安‧陳姿伶‧李佳穎‧李宛真		
執行美編／周盈汝		
美術編輯／陳麗娜‧韓欣恬		
內頁排版／造　極		
出　版　者／雅書堂文化事業有限公司		
發　行　者／雅書堂文化事業有限公司		
郵撥帳號／18225950		
戶　　　名／雅書堂文化事業有限公司		
地　　　址／新北市板橋區板新路206號3樓		
電　　　話／(02)8952-4078		
傳　　　真／(02)8952-4084		
網　　　址／www.elegantbooks.com.tw		
電子郵件／elegant.books@msa.hinet.net		

....

2017年6月初版一刷　定價 380 元

....

TSUKIORI YOSHIKO NO KIGOKOCHI RAKUCHIN OSHARE-FUKU by Yoshiko
Tsukiori

Copyright © 2015 Yoshiko Tsukiori

All rights reserved.

Original Japanese edition published by NHK Publishing, Inc.

This Traditional Chinese edition is published by arrangement with NHK Publishing,

Inc., Tokyo in care of Tuttle-Mori Agency, Inc., Tokyo

through Keio Cultural Enterprise Co., Ltd., New Taipei City, Taiwan.

....

總經銷／朝日文化事業有限公司

進退貨地址／新北市中和區橋安街15巷1號7樓

電話／（02）2249-7714　　傳真／（02）2249-8715

....

作者簡介

月居良子

設計師。女子美術短期大學畢業後，進入服裝公司工作
並成為獨立設計師。擅長製作簡單，卻可展現立體美麗
輪廓的服裝，廣受好評。除了日本，在法國、北歐也有
高人氣。著有《棉花糖女孩也可以很時尚》（NHK出
版）等多本著作。

_____

〔STAFF〕

Art Direction／山口美登利

設計／宮卷 麗（山口設計事務所）

攝影／五十嵐隆裕（520）

作法攝影／下瀨成美

造型師／荻津えみこ

妝髮／梅沢優子

模特兒／伽奈‧くしまゆうこ

作法解說／百目鬼尚子

作法插圖／day studio（ダイラクサトミ）

紙型／(株) ウエイド

編輯／山越恵美子‧草場道子（NHK出版）

_____

國家圖書館出版品預行編目(CIP)資料

自己縫製的大人時尚‧29件簡約俐落手作服/月居
良子著; 洪鈺惠譯.
-- 初版. -- 新北市：雅書堂文化, 2017.6
　面；　　公分. -- (Sewing縫紉家; 23)
ISBN 978-986-302-373-9 (平裝)

1.縫紉 2.衣飾 3.手工藝
426.3　　　　　　　　　　　　　106009835

SEWING 縫紉家 06

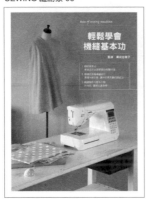

輕鬆學會機縫基本功
栗田佐穗子◎監修
定價：380 元

細節精細的衣服與小物，是如何製作出來的呢？一切都看縫紉機是否運用純熟！書中除了基本的手縫法，也介紹部分縫與能讓成品更加美觀精緻的車縫方法，並運用各種技巧製作實用的布小物與衣服，是手作新手與熟手都不能錯過的縫紉參考書！

SEWING 縫紉家 05

手作達人縫紉筆記
手作服這樣作就對了
月居良子◎著　定價：380 元

從畫紙型與裁布的基礎功夫，到實際縫紉技巧，書中皆以詳盡彩圖呈現；各種在縫紉時會遇到的眉眉角角、不同的衣服部位作法，也有清楚的插圖表示。大師的縫紉祕技整理成簡單又美觀的作法，只要依照解說就可以順利完成手作服！

SEWING 縫紉家 04

手作服基礎班
從零開始的縫紉技巧 book
水野佳子◎著　定價：380 元

書中詳細介紹了裁縫必需的基本縫紉方法，並以圖片進行解說，只要一步步跟著作，就可以完成漂亮又細緻的手作服！從整燙的方法開始、各種布料的特性、手縫與機縫的作法，不錯過任何細節，即使是從零開始的初學者也能作出充滿自信的作品！

完美手作服の必看參考書籍

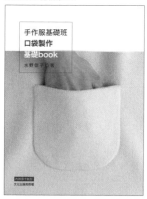

手作服基礎班 口袋製作基礎 book

水野佳子◎著　定價：320 元

口袋，除了原本的盛裝物品的用途外，同樣也是衣服的設計重點之一！除了基本款與變化款的口袋，簡單的款式只要再加上拉鍊、滾邊、袋蓋、褶子，或者形狀稍微變化一下，就馬上有了不同的風貌！只要多花點心思，就能讓手作服擁有自己的味道喔！

手作服基礎班 畫紙型＆裁布技巧 book

水野佳子◎著　定價：350 元

是否常看到手作書中的原寸紙型不知該如何利用呢？該如何才能把紙型線條畫得流暢自然呢？而裁剪布料也有好多學問不可不知！本書鉅細靡遺的介紹畫紙型與裁布的基礎課程，讓製作手作服的前置作業更完美！

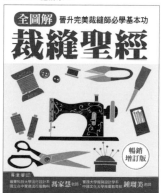

全圖解 裁縫聖經（暢銷增訂版） 晉升完美裁縫師必學基本功

Boutique-sha ◎著　定價：1200 元

它就是一本縫紉的百科全書！從學習量身開始，循序漸進介紹製圖、排列紙型及各種服裝細節製作方式。清楚淺顯的列出各種基本工具、製圖符號、身體部位簡稱、打版製圖規則，讓新手的縫紉基礎可以穩紮穩打！而衣服的領子、袖子、口袋、腰部、下襬都有好多種不一樣的設計，要怎麼車縫表現才完美，已有手作經驗的老手看這本就對了！